煤炭行业特有工种职业技能鉴定培训教材

# 矿压观测工

### （中级、高级）

河南煤炭行业职业技能鉴定中心　组织编写

主　编　蔡振雷

中国矿业大学出版社

# 内 容 提 要

　　本书分别介绍了中级、高级矿压观测工职业技能鉴定的知识和技能要求。内容包括矿山压力基本知识、矿山压力观测技能、矿压观测工安全操作、矿压观测案例、煤矿动压现象及其防治、巷道矿山压力观测与控制、矿山压力研究方法等知识。

　　本书是矿压观测工职业技能考核鉴定前的培训和自学教材，也可作为各级各类技术学校相关专业师生的参考用书。

**图书在版编目(CIP)数据**

　　矿压观测工 / 蔡振雷主编.—徐州：中国矿业大学出版社，2013.2

　　煤炭行业特有工种职业技能鉴定培训教材

　　ISBN 978-7-5646-1712-7

　　Ⅰ.①矿… Ⅱ.①蔡… Ⅲ.①矿压观测－技术培训－教材 Ⅳ.①TD326

　　中国版本图书馆 CIP 数据核字(2012)第 266880 号

| | |
|---|---|
| 书　　　名 | 矿压观测工 |
| 主　　　编 | 蔡振雷 |
| 责任编辑 | 满建康　周　丽 |
| 出版发行 | 中国矿业大学出版社有限责任公司 |
| | (江苏省徐州市解放南路　邮编 221008) |
| 营销热销 | (0516)83885307　83884995 |
| 出版服务 | (0516)83885767　83884920 |
| 网　　　址 | http://www.cumtp.com　E-mail：cumtpvip@cumtp.com |
| 印　　　刷 | 北京市兆成印刷有限责任公司 |
| 开　　　本 | 850×1168　1/32　印张 5.875　字数 153 千字 |
| 版次印次 | 2013 年 2 月第 1 版　2013 年 2 月第 1 次印刷 |
| 定　　　价 | 22.00 元 |

　　(图书出现印装质量问题，本社负责调换)

## 《矿压观测工》
## 编审人员名单

**主　　编**　蔡振雷

**编写人员**　邱福新　　张贵龙　　张新生

　　　　　　于春生　　张治军

**主　　审**　邱福新

**审稿人员**　程宏图　　葛付东　　白　杨

　　　　　　张艳丽　　王卫强

# 前　言

　　矿山压力的观测与控制是实现矿山生产科学管理必不可少的基础工作,是采矿技术各发展阶段围岩控制的重要保障,一直被广大采矿工程技术人员所重视。在煤炭开采过程中,采煤工作面顶板事故频繁,巷道维护困难,在煤矿瓦斯、水、火、顶板、矿尘等五大灾害中,顶板事故的事故率达 40% 以上,顶板事故引起的人员伤亡一直占据煤矿各类事故的首位。20 世纪 90 年代以前,顶板事故死亡人数占全部事故死亡人数的 45% 以上,随着支护技术的进步,这一比例有所下降,但问题仍然严重。据最新资料统计,顶板事故的死亡人数所占比例仍高达 25% 以上,给国家财产和人民的生命安全带来极大威胁,严重影响矿山生产的正常进行。据资料统计,采煤工作每年因顶板事故而使煤炭产量减少 5%～10%。这些数字迫使人们深入地研究矿山压力显现规律及其控制方法,采取切实有效的控制手段,改进开采技术,完善顶板控制方法,以防止顶板事故的发生,为矿山安全生产提供有力的保障,实现安全生产,减少煤炭资源的损失,提高经济效益。

　　编制本教材旨在推动煤矿矿井矿压观测技术的发展,使其更加标准化、科学化和规范化,促进煤炭安全生产技术的健康发展,为矿压观测职业技能鉴定和培训提供借鉴和指导。

　　本教材涵盖矿井矿压观测技术管理体制、观测内容及监测仪器仪表的检测维修和使用。

编者

2012 年 5 月

# 目　录

# 第一部分
## 矿压观测工(中级)

# 第一章　矿山压力基本知识

## 第一节　井巷围岩压力的基本概念

### 一、井巷围岩压力的形成

在煤层或岩层中,开掘巷道或进行开采工作称为对煤(或围岩)的采动。采动后,在煤岩层中形成的空间称"采动空间",采动空间周围煤、岩体包括顶板、底板及两帮岩层,统称为围岩。

地壳中没有受到人类工程活动(如矿井开掘巷道)影响的岩体称为原岩体,简称原岩。存在于地层中未受工程扰动的天然应力称为原岩应力,也称为岩体初始应力、绝对应力或地应力。原岩体在地壳内各种力的作用下处于平衡状态。当开掘巷道或进行采矿活动时,破坏了原来的应力平衡状态,引起岩体内部的应力重新分布。重新分布后的应力超过煤、岩的极限强度时,使巷道或采煤工作面周围的岩、煤发生破坏,并向已采空间移动,直至再次形成新的应力平衡。采动后作用于围岩和支护物上的力,称为矿山压力。

### 二、影响围岩压力的地质因素

矿山压力的来源主要有上覆岩层的重力(自重应力),构造运动的作用力(构造应力),岩体膨胀的作用力(膨胀应力)。

影响围岩压力的地质因素主要有以下几个方面:

(1)原岩应力状态;

(2)岩石力学性质;

(3)岩体结构;

（4）岩石组成及其物理化学性质。

## 三、矿压控制原理及途径(表 1-1)

表 1-1　　　　矿压控制原理、基本途径及其优缺点

| 矿压<br>控制原理 | 基本途径 | 优缺点 |
| --- | --- | --- |
| 抵抗高压 | 巷道开掘在高压区，用加强支护的手段(包括对围岩进行支撑和加固)对付高压 | 巷道布置地点及掘巷时间可不受限制，但为此要采用支撑能力较高的支架，因而成本较高 |
| 避开高压 | 选择巷道位置时，避开高压作用的地点，把巷道布置在低压区，或者掘巷时错过高压作用的时间，把巷道开掘在压力已稳定区 | 这种情况下用成本较低的普通支架就可维护住巷道，但有时要多开一些辅助巷道(联络眼等)，或掘进时间受到限制，不利于采掘接替 |
| 移走高压 | 巷道仍开掘在高压区，用人为的卸压措施使高压转移至离巷道较远的地点 | 可以不影响开采设计规定的巷道布置地点及掘进时间，但要增加与卸压工作有关的额外费用 |
| 释放高压 | 巷道仍开掘在高压区，但不用高支撑力的支架硬顶，而是允许围岩产生较大变形，使围岩中的高压得到释放(也称应力释放) | 可充分利用围岩的自稳能力，减轻支架受载，如应用得当，巷道在使用过程中无需维修，对生产极为有利，但要用结构较复杂的可缩性支架，巷道掘进断面要考虑缩小备用量，从而增加了掘进费和初期支护费用 |

# 第二节　工作面矿山压力显现规律

## 一、煤层围岩性质与分类

煤层处于各种岩层的包围之中。处于煤层之上的岩层称为煤

层的顶板；处于煤层之下的岩层称为煤层的底板。

根据顶、底板岩层离煤层的距离及对开采工作的影响程度，煤层的顶、底板岩层可分为：

（1）伪顶。紧贴在煤层之上，极易垮落的薄岩层称为伪顶。通常由碳质页岩等软弱岩层组成，厚度一般小于 0.5 m，随采随落。

（2）直接顶。位于伪顶或煤层之上，具有一定的稳定性，移架或回柱后能自行垮落的岩层称为直接顶。通常由泥质页岩、页岩、砂质页岩等不稳定岩层组成，具有易垮落的特征。直接顶的厚度一般相当于冒落带内岩层的厚度。

（3）基本顶。位于直接顶或煤层之上坚硬而难垮落的岩层称为基本顶。常由砂岩、石灰岩、砂砾岩等坚硬岩石组成。

（4）直接底。直接位于煤层下面的岩层。如为较坚硬的岩石时，可作为采煤工作面支柱的良好支座；如为泥质页岩等松软岩层时，则常造成底鼓和支柱插入底板等现象。

**二、支承压力的形成、分布及显现规律**

开掘巷道之前，岩体内任意点的应力都处于平衡状态。这种在地壳内存在的自然应力状态叫做原始应力状态。巷道开掘后，破坏了原来的应力平衡状态，在围岩中产生一个应力变化区，其中巷道周边的应力集中最为严重，一般将巷道两侧改变后的切向应力增高部分称为支承压力。

支承压力的存在是绝对的，支承压力显现是支承压力的作用结果，其形式和程度是相对的。只有当煤体进入塑性破坏状态后才会发生明显的显现，支承压力显现的基本规律如图 1-1 所示。当煤壁不出现非弹性区时，压力分布呈高峰在煤壁的负指数曲线，相应的支承压力显现按同样的趋势分布，支承压力与显现成正比关系；煤壁出现非弹性区后，显现与压力的分布规律不尽相同，显现仍是一条高峰在煤壁的单调下降曲线，弹性区内显现与压力成对应关系,非弹性区显现与压力变化趋势相反。

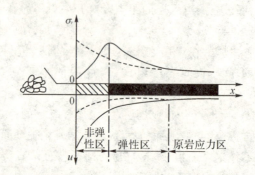

图 1-1 支承压力显现及其分布曲线

采煤工作面周围支承压力的形成是由于煤层开采过程破坏原岩应力场的平衡状态,引起应力重新分布。对于受到采动影响的巷道,它的维护状况除了受巷道所处位置的自然因素影响外,主要取决于采动影响。煤层开采以后,采空区上部岩层重量将向采空区周围新的支承点转移,从而在采空区四周形成支承压力带(图 1-2)。

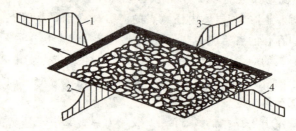

图 1-2 采空区应力重新分布概貌

1——工作面前方超前支承压力;2、3——工作面倾斜方向残余支承压力;
4——工作面后方采空区支承压力

工作面超前压力支承影响范围一般为 40～80 m,支承压力峰值位置距煤壁一般为 4～8 m,应力增高系数为 2～4。工作面倾斜方向固定性支承压力影响范围一般为 15～40 m,支承压力峰值位

置距煤壁一般为 $15 \sim 20$ m,应力增高系数为 $2 \sim 3$。相邻采空区所形成的支承压力会在某些地点发生相互叠加,称为叠合支承压力。例如,在上下区段之间,上区段采空区形成的残余支承压力与下区段工作面形成的超前支承压力叠加,在煤层向采空区凸出的拐角,形成很高的叠合支承压力,应力增高系数可达 $5 \sim 7$,有时甚至更高。

**三、采煤工作面矿山压力显现基本规律**

大多数情况下,矿山压力显现会给地下开采工作造成不同程度的影响。为使矿山压力显现不至于影响正常生产工作和保证生产安全,就必须采取各种措施加以控制。包括对巷道及采煤工作空间进行支护、对松软煤岩体进行加固、用各种方法使巷道或采煤工作面得到卸压、人为方法使采空区顶板按预定要求冒落等。此外人们对矿山压力的控制不仅在于消除或减轻对开采工作的危害,还应包括合理地利用矿山压力的自然能量为开采服务。例如,利用矿山压力作用压酥煤体以方便落煤,借助采空区上覆岩层压力压实已冒落的矸石形成再生顶板等。

在实际生产过程中,采煤工作面常有一系列矿山压力现象,习惯上将这些现象作为衡量矿山压力显现程度的指标。

(1)顶板下沉量。一般指煤壁到采空区边缘裸露的顶底板移近量。随采煤工作面推进,顶底板不断移近。

(2)顶板下沉速度。指单位时间内的顶底板移近量(mm/d),表示顶板活动的剧烈程度。

(3)支柱变形与折损。随着顶板下沉,采煤工作面支柱载荷也逐渐增加,一般可以用肉眼观察到柱帽的变形,剧烈时可以观察到支柱的折损。

(4)顶板破碎情况。常以单位面积顶板中冒落面积所占的百分比表示,用作衡量顶板控制好坏的质量标准。

(5)局部冒顶。指采煤工作面顶板局部塌落,将影响采煤工作正常进行。

（6）大面积冒顶。指由于顶板活动剧烈，导致顶板沿工作面切落，将对工作面产生严重影响。

其他还有煤壁片帮、支柱钻底、底板鼓起等现象。

## 四、工作面初次来压与周期来压

随工作面继续向前推进，直接顶不断垮落，基本顶悬露跨度逐渐增大，直至达到极限跨度时，基本顶出现断裂，进而垮落。基本顶由开始破坏直至垮落常需要一定的时间，甚至在基本顶垮落前的 $2\sim3$ d 即出现顶板断裂的响声等来压预兆。在垮落前 $1\sim2$ h，采煤工作面可能发生"隆隆"巨响，通常煤壁片帮严重，顶板产生裂缝掉渣，下沉速度和下沉量明显增加，支架载荷迅速提高。这种基本顶初次断裂或垮落前后工作面的矿压显现，称为基本顶的初次来压。

基本顶初次垮落时，其悬露跨度 $L_{初}$ 称为基本顶初次垮落步距。该值决定于基本顶岩层的岩石性质、厚度、地质构造等因素。一般基本顶的初次来压步距为 $20\sim35$ m，有的矿区可达 $50\sim70$ m，甚至更大。

基本顶初次来压比较突然，来压前采煤工作面上方顶板压力较小，因而容易使人疏忽大意。初次来压时，基本顶跨度较大，影响范围也较广，工作面容易出现事故，因此在生产过程中应严加注意。在来压期间，必须注意采煤工作面的支护质量，加强支架的初撑力，增强支架的稳定性，采用多种方式加强支护。

当工作面继续向前推进，基本顶悬露跨度达到一定长度时，基本顶在其自重及上覆岩层载荷作用下，将沿煤壁或者在煤壁内发生折断和垮落。随着工作面的推进，基本顶的这种垮落现象将周而复始地出现。这种基本顶周期性折断或垮落的矿压显现称为基本顶的周期来压。

周期来压的矿压显现有：顶板下沉速度急剧增加、顶板下沉量急剧增大、支柱载荷增大、煤壁片帮、支柱折损、顶板发生台阶下沉等。

两次周期来压的间隔时间称为来压周期。两次周期来压期间工作面推进的距离称为周期来压步距。

周期来压步距取决于基本顶的岩性、厚度、基本顶上方岩层的组成情况等因素。周期来压步距小于初次来压步距，一般可由下列公式计算。

$$L_{周} = (\frac{1}{2} \sim \frac{1}{4})L_{初}$$

若基本顶为厚度较大的整体坚硬岩层时，周期来压步距一般较大；若基本顶上方岩层系松软岩层，该松软岩层给基本顶施加很大的载荷，可能使基本顶的周期来压步距缩短。若倾向或斜交断层位于预期的周期来压线之前不远处，工作面推进到断层附近时，基本顶将比预期的位置提前垮落，缩短了周期来压步距。若断层位于预期位置后面不远处，则可能使周期来压步距延长。

**五、采空区顶底板移动规律**

在采用长壁采煤法时，随着工作面的不断向前推进，暴露出来的上覆岩层在矿山压力的作用下，将产生变形、移动和破坏。根据破坏状态不同，上覆岩层可划分为三个带。

（1）冒落带。指采用全部垮落法管理顶板时，采煤工作面放顶后引起的煤层直接顶的破坏范围（图 1-3 中Ⅰ）。该部分岩层在采空区内已经垮落，而且越靠近煤层的岩石就越紊乱、破碎。在采煤工作面内这部分岩层由支架暂时支撑。

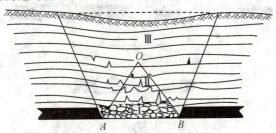

图 1-3 采煤工作面上覆岩层移动分带示意图

（2）裂隙带。指位于冒落带之上的岩层（图1-3中Ⅱ）。这部分岩层的特点是岩层产生垂直于层面的裂隙或断开，但仍能整齐排列。

（3）弯曲下沉带。一般指位于裂隙带之上的岩层，向上可发展到地表（如图1-3中Ⅲ）。此带内的岩层将保持其整体性和层状结构。

生产实践和研究表明，采煤工作面支架上受到的力远远小于其上覆岩层的重量。只有接近煤层的一部分岩层的运动才会对工作面附近的支承压力和工作面支架产生明显的影响。所谓采煤工作面的矿山压力控制，也就是对这部分岩层的控制。这部分岩层大约相当于上述三带中的冒落带和裂隙带的总厚度，一般为采高的6～8倍。

采煤工作面上覆悬露岩层破坏的运动形式决定着矿山压力的显现规律及对控制的要求。上覆岩层自悬露发展到破坏，基本上有两种运动形式，即弯拉破坏和剪断破坏。

1. 弯拉破坏

岩层弯拉破坏的发展过程如图1-4所示。随工作面的推进，上覆岩层悬露［图1-4（a）］，在重力作用下弯曲［图1-4（b）］，岩层

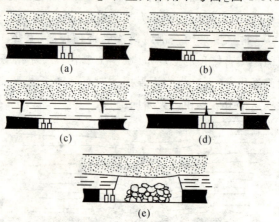

图1-4 上覆岩层弯曲破坏发展过程

弯曲沉降到一定程度后,伸入煤体的端部裂开[图 1-4(c)],中部断裂[图 1-4(d)],岩层冒落[图 1-4(e)]。

悬露的岩层中部拉开后,是否发展至冒落,由其下部允许运动的空间高度所决定。只有其下部允许运动的空间高度大于沉降岩层的可沉降值时,岩层运动才会由弯曲沉降发展至冒落。否则,岩层将弯曲下沉并与煤层底板(或底部已冒落岩层)接触。

在岩层可以由弯曲发展至破坏的条件下,由于其运动是逐步的,所以工作面矿压显现一般比较缓和。此时,支架应能支撑在控顶区上方将要冒落岩层的全部岩重,并能控制冒落岩层之上部分弯曲岩层的下沉量。

2. 剪断破坏

岩层剪断破坏的发展过程如图 1-5 所示。岩层悬露后只产生较小弯曲下沉,悬露岩层端部即开裂[图 1-5(a)];在岩层中部未开裂的情况下,岩层大面积整体垮落[图 1-5(b)]。

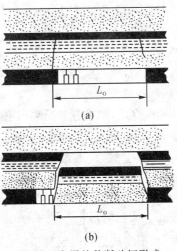

(a)

(b)

图 1-5　岩层的剪断破坏形式

产生暴露岩层剪断破坏的条件是：当工作面煤壁推进至岩梁端部开裂位置时，剪断面上的剪应力超过一定限度，虽然中部尚未开裂，但只要下部有少量运动空间，岩层即可能被剪断而整体垮塌。

这类破坏形式运动范围大、速度快，采煤工作面将受到明显的动压冲击。此时，如果支架工作阻力不足，极易发生顶板沿煤壁切下的重大冒顶事故。即使工作面顶板不垮落，也会发生台阶下沉，使支柱回撤工作非常困难。要控制这类顶板破坏，工作面支架必须有较高的初撑力，其工作阻力应能防止顶板沿煤壁线切断，把切顶线推至控顶距之外。支柱的可缩量可按在煤壁处出现台阶下沉而支柱又不被压死考虑。

3. 两种破坏形式的转化

岩层的两种破坏形式随地质及开采条件的变化而相互转化。

（1）当工作面推至岩层端部开裂位置附近时，提高推进速度可能会使原来呈弯拉破坏的岩层转变为剪切破坏的运动形式。在日常来压比较均匀的工作面，高产后往往会出现切顶事故，其原因就是破坏形式的转化。

（2）强制放顶改变坚硬岩层的厚度，可以排除整体塌垮的威胁，从而使剪切破坏形式转化为弯拉破坏。

（3）分层开采的厚煤层，如果分层间采用上行式开采程序，通过下部几个分层的开采，使坚硬（可能发生剪切破坏）的顶板岩层受到重复的采动影响，产生裂缝，大大减小突然剪断的可能性，从而可转化为弯拉破坏的运动形式。

（4）在工作面推进方向上遇到与煤壁平行的断层，使原来弯拉破坏的岩层可能向整体切断的运动形式转化，这是因为断层破坏了岩层的连续性，当工作面推到断层部位时，岩层悬露尚未达到中部裂断所必需的跨度，可能出现整体切断的危险。

4. 直接顶运动规律

采煤工作面顶板管理方法、支架设计和选型、日常顶板管理等问题,都与采煤工作面直接顶有关。直接顶厚度(顶板冒落高度)决定着裂隙带发展的高度,也决定着各岩层稳定期的长短,对"三下采煤"、地表移动的控制设计等都有影响。

采煤工作面自开切眼开始推进后,直接顶岩层一般并不立即垮落。待推进一定距离后,直接顶悬露面积超过其允许值,才会大面积垮落下来,称为直接顶的初次垮落(初次放顶)。初次放顶后,直接顶岩层随采煤工作面的推进而冒落。在正常推进过程中,直接顶是一种由采煤工作面支架支撑的悬臂梁。由于其结构特点,在推进方向上不能保持水平力的传递。因此,当其运动时,控制直接顶的基本要求是支架能承担起全部重量。

直接顶的冒落高度有一定的规律性,在一定的采动条件下有确定的数值。在同一岩层条件下,不同的采动条件、不同的开采程序和时空关系,可能有不同的冒高值。在此,讨论一下单一煤层或开采厚煤层顶分层时有关推断冒高值的基本方法。

(1)不考虑岩梁本身沉降值的推断方法

如图 1-6 所示,悬空的直接顶岩层由下而上冒落,一直发展到自然接顶为止。在自然冒落的发展过程中,不考虑岩层本身的沉降值。

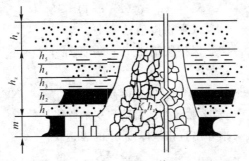

图 1-6　不考虑岩层弯曲沉降时的冒高

冒高表达式推导如下：

$$h_z + m = K_p h_z$$

由此导出的直接顶厚度 $h_z$ 为：

$$h_z = m/(K_p - 1)$$

式中　$m$——采高，m；

　　　$h_z$——直接顶厚度，m；

　　　$K_p$——已冒落岩层的碎胀系数。

对于上覆岩层厚度不大、强度不高的采煤工作面，特别是第一次来压阶段，这种推断方法计算结果与实际情况比较接近。

但是，这种方法没有考虑多数岩层冒落是弯曲沉降发展而来的实际情况，没有考虑未冒落岩层本身的沉降。因此，还不能完善地解释和表达冒高变化的各种情况。例如，对于实际冒落值为零的缓沉型采煤工作面，就无法用该公式做出解释。

（2）考虑岩层本身沉降的推断方法

这种方法认为，除整体切断岩层外，所有岩层的冒落都是由弯曲沉降运动发展而来的。因此，确定冒落高度必须考虑岩梁的沉降值、岩层变形能力以及下部允许运动空间高度的影响。这种推断方法的几何模型如图 1-7 所示。

图中未冒落岩梁的沉降值满足下列表达式：

$$S_A = m - h_z(K_A - 1) \leqslant S_0$$

式中　$S_A$——岩梁实际沉降值；

　　　$S_0$——岩梁保持假塑性允许的沉降值；

　　　$m$——采高；

　　　$h_z$——直接顶厚度（即冒落高度）；

　　　$K_A$——岩梁触矸处已冒落岩层的碎胀系数。

由上式可推导出直接顶厚度 $h_z$ 的表达式：

$$h_z = \frac{m - S_A}{K_A - 1}$$

其中 $S_A \leqslant S_0$。

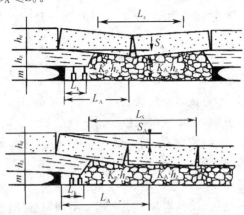

图 1-7 考虑岩层弯曲沉降时的冒落高度

对照图 1-7 可以发现,当用上式推导冒落高度时,要遵守 $S_A$ 值与 $K_A$ 值在同一地点选择的原则。用离煤壁任何位置处的数值代入都不影响计算结果。但是,绝对不能认为 $S_A$ 值与 $K_A$ 值可以在任意位置选取,公式中规定 $S_A \leqslant S_0$,而 $S_0$ 是保持该岩梁处于假塑性状态的运动极限值(沉降极限值)。因此,原则上 $S_A$ 的取值位置是固定的,该位置应当是岩梁显著运动后,从下部开始触矸位置起,到运动被迫停止时整个触矸范围的反力中心。一般取 $K_A =$ 1.25~1.35。

5. **基本顶的移动规律**

基本顶的运动对采煤工作面矿山压力显现有明显的影响。第一次来压后,基本顶是一组在推进方向上能传递水平力的不等高裂隙梁。

对于基本顶岩梁控制的基本要求是:防止由于基本顶运动对采煤工作面产生动压冲击和大面积切顶事故的发生,把基本顶岩梁运动结束时在采场造成的顶板下沉量控制在要求的范围内。如果基本顶岩梁运动没有动压冲击,岩梁运动结束后的自由位态所造成的采场顶板下沉量满足生产要求,此时支架可不承担基本顶岩梁的重量。对这部分岩梁,支架承担的压力大小取决于所控制的岩梁位态。

基本顶的运动一般有两种形式。

(1) 基本顶的缓慢下沉

若采高较小,直接顶厚度大,直接顶岩层可能呈不规则垮落而充满采空区。此时,基本顶可能以缓慢下沉的形式运动。此外,若基本顶岩层节理、裂隙发育,允许塑性变形值较大时,基本顶岩层也可能以缓慢下沉形式运动。

直接顶呈不规则或规则垮落时,如果厚度较大,冒落后矸石基本上能充满采空区,使基本顶岩层无运动空间,只能随已冒落矸石的逐渐压实而缓慢下沉。基本顶岩层缓慢下沉时,破断的岩块之间互相啮合铰接,这时,基本顶岩层将其自身和上部岩层的部分重量传递到前方煤壁和后方冒落矸石上,采煤工作面内的矿山压力显现不明显,对顶板管理有利。

(2) 基本顶呈长岩梁断裂

当直接顶厚度较小或采煤工作面采高较大时,直接顶冒落后将不能充满采空区,在已冒落矸石与基本顶岩层之间有一定的自由空间。自由空间的高度可由下式计算:

$$\Delta = m - (K_p - 1)h_z$$

式中  $\Delta$——已冒落矸石与基本顶岩梁间距离;

$h_z$——直接顶厚度;

$m$——采高;

$K_p$——已冒落岩层碎胀系数,一般取 $1.3 \sim 1.5$。

这时基本顶的运动情况如下:

① 基本顶的初次垮落

直接顶初次垮落后,随工作面的不断向前推进,直接顶不断垮落下来,基本顶的悬跨度不断增大,当达到一定跨度时,基本顶岩层将在两端及中部逐渐裂开,如图 1-8(a)所示,采煤工作面继续向前推进,若有足够的自由空间,基本顶岩层将断裂并产生明显的沉降,如图 1-8(b)所示。这时将对工作面产生较大影响,顶板下沉量增加、支架载荷增大、煤壁片帮。这就是基本顶的初次垮落。由开切眼到基本顶初次垮落时工作面推进的距离称为基本顶的初次垮落步距。

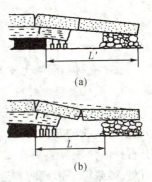

图 1-8 基本顶的初次垮落

② 基本顶的周期性垮落

如图 1-9 所示,初次垮落后基本顶岩层可视为一端嵌入煤壁、另一端悬空于采空区的"悬臂梁",它支撑着自身和比它强度低的上部岩层重量。随采煤工作面的继续推进,其悬露长度达到某一极限值时,将发生折断(在煤壁前方)、垮落,从而在采煤工作面内产生明显的矿压显现。这种现象,随工作面的推进将周期性出现,称为基本顶的周期性垮落。

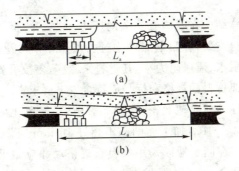

图 1-9 基本顶的周期性垮落

# 第三节  矿井支护技术

## 一、石材和混凝土支架

### 1. 石材支架的材料

根据来源不同,石材分天然和人造石材。天然石材是用强度大、不易风化的花岗岩、石灰岩和砂岩经加工而成,俗称料石。料石石材的性能见下表 1-2。人造石材有普通砖、混凝土砖等。用石材、砂浆砌壁形成的巷道支架,其本身是连续的整体,对围岩能起封闭、防止风化作用。

表 1-2 料石材料性能

| 材料名称 | 强度/MPa | | | 吸水率/% | 耐用年限/a |
|---|---|---|---|---|---|
| | 抗压 | 抗折 | 抗剪 | | |
| 花岗岩 | 120～250 | 8～15 | 13～19 | <1 | 75～200 |
| 石灰岩 | 20～140 | 1.8～20 | 7～14 | 2～6 | 20～40 |
| 砂岩 | 47～140 | 3.5～14 | 8.5～18 | <10 | 20 以上 |

砖石砌体结构在我国有悠久的历史和丰富经验,特别是用料石砌壁的石材支架,在我国煤矿中过去使用相当广泛。这种支架坚固、耐久、阻水、通风阻力小,其材料来源广,多数可就地取材。

石材支架材料的规格和标号应符合以下要求:

(1)料石必须质地致密、坚硬无裂隙、不带风化皮层,抗压强度不应低于 40 MPa,加工面凹凸不超过 10 mm 或 20 mm 两种,形成六面体。在同一地区采用的料石规格尺寸应力求统一,厚度一般不小于 200 mm,长度适应设计规定的砌体厚度,其规格一般为 200 mm×200 mm×200 mm 或 300 mm×250 mm×200 mm。每块料石重量以不超过 40 kg 为宜。料石间砌缝一般为 15 mm。

（2）普通砖的规格为 240 mm×115 mm×53 mm,标号不小于 75 号,一般要求大于 100 号。混凝土砖强度等级不低于 C20。砖缝间隙为 10 mm。

（3）砌筑料石或砖用的水泥砂浆,由水泥、砂和水拌和而成。砂浆标号一般不低于 75 号,其重量配比为 1∶4(水灰比为 0.8)或 1∶3(水灰比为 0.7)。

（4）石材砌筑巷道的壁后空间,应选用较坚硬遇水不变质、不易风化的碎石充填密实。在地质变化大或有淋水的地段,可采用低标号混凝土或片石砂浆充填。

2. 石材支架施工

石材支架的主要形式是直墙拱顶。它由拱、墙和基础构成。拱部各截面主要产生压应力及部分弯曲应力。拱部的内力主要为压应力,这样有利于发挥石材抗压强度高的特性。

石材支架的施工,多在掘进后先安设临时支架,以防止掘进与砌碹之间巷道的顶帮岩石冒落。临时支架多采用 15～24 kg/m 钢轨制作的金属拱形支架,支架间距一般为 0.8～1.0 m,支架间安设拉钩和支撑柱,并用背板背紧。

## 二、金属支架

1. 矿用支护型钢

U 型钢和矿用工字钢是两种主要的矿用支护型钢。由于使用目的不同,两种型钢的截面形状完全不同,U 型钢是为制造可缩性支架而设计的,矿工钢过去多用于制造刚性金属支架。由于矿工钢来源广,造价低,加工简单,现场有大量使用矿工钢刚性支架的习惯。近几十年来,我国在原有矿工钢刚性支架的基础上,设计和研制了专门的可缩性连接件,或对矿工钢刚性支架进行某些改造,成功地研制出了矿工钢可缩性支架。

（1）对矿用支护型钢性能的要求

井下条件复杂,巷道支架承受的载荷以及载荷分布均在不断变化,特别是一些围岩变形量较大的巷道,例如受采动影响巷道、软岩巷道、深井巷道、位于断层破碎带处的巷道,这就增加了巷道支护工作的复杂性,也对矿用支护型钢的性能提出了特殊的要求。

① 优良的力学性能。较高的抗拉、抗压、抗剪强度和良好的韧性性能使支架承载能力提高,有利于保持巷道良好的维护状况,减少支架的变形损坏和修复工作量。

② 优越的断面几何参数。型钢断面的几何参数主要是抗弯截面模量 $W_x$、$W_y$,而衡量其几何形状是否合理的指标有三个:$W_x/W_y$,$W_x/G$,$W_y/G$,其中 $G$ 是型钢的理论重量(kg/m)。

井下支架不仅要承受纵向载荷,而且还要承受来自横向的推力。因此要求支架在 $x$、$y$ 方向承受载荷的能力都要比较大,$W_x$ 与 $W_y$ 尽可能比较接近,这样材料使用比较经济。$W_x$ 与 $W_y$ 较接近也有利于提高支架的稳定性。

③ 合理的断面几何形状。型钢断面的几何形状除影响上述几何参数外,还影响型钢抗变形能力。型钢断面的几何形状要和受力后型钢内力(特别是弯矩)分布状况相适应。U 型钢连接后在锁紧和受力过程中,上、下型钢要能内外吻合,接触面积大,滑移平稳,并使连接件受力状况良好。

型钢断面的几何形状要有利于钢材轧制、支架的加工制造以及修理、搬运。

(2) 矿用工字钢

矿用工字钢是井下巷道支护的专用型钢。它与普通工字钢不同之处是:断面的高宽比减小,腹板加厚,翼缘厚且斜度大,这样使型钢断面的 $W_x/W_y$ 减小,更能适应井下受载条件。我国生产的矿用工字钢已定型、标准化,共有 9#、11#、12# 三种规格,常用的是 11#。断面主要尺寸及参数见表 1-3。

表 1-3　　　　　　　　常用矿用工字钢技术参数　　　　单位:mm

| 型号 | 高度 h | 腿宽 b | 腰厚 d |
|------|--------|--------|--------|
| 9# | 90±2.0 | 76±2.0 | 8±0.6 |
| 11# | 110±2.0 | 90±2.0 | 9±0.6 |
| 12# | 120±2.0 | 95±2.0 | 11±0.6 |

（3）U 型钢

作为制造巷道可缩性金属支架的主要型钢,在国内外广泛采用的都是 U 型钢。但由于对 U 型钢本身的性能和要求认识不一致,因而各国 U 型钢的断面形状、几何参数以及材质等不尽相同。

我国生产的 U 型钢型号主要有 U18、U25、U29、U36 四种。其中前两种系 20 世纪 60 年代产品,属腰定位;后两种是 20 世纪 80 年代产品,属耳定位。U18 由于承载能力很低,现很少生产。

2. U 型钢拱形可缩性支架

U 型钢拱形可缩性支架结构比较简单,承载能力较大,可缩性能较好,因而是 U 型钢可缩性支架中使用最广泛的一种,德国、波兰、前苏联使用数量均占到金属支架的 90% 以上。我国从 1963 年开始使用 U 型钢可缩性支架,当时主要是拱形,以后发展了封闭形、梯形等多种形式,但仍以拱形为最多。

（1）拱形可缩性支架结构

U 型钢拱形可缩性支架一般由 5 部分组成。

① 顶梁。顶梁为圆弧拱形。根据巷道断面大小、支架受力和需要可缩量、要求运输条件等不同情况而有一节和多节之分。国内多用一节或两节。一节拱梁的曲率半径有一个或两个。

② 柱腿。柱腿有两种形式:一种是上部为圆弧形,下部为直线形;另一种为曲线形,它有一个或两个曲率半径。柱腿下部焊有长方形或正方形底座。

③ 连接件。它是连接、卡紧型钢的装置,是保证拱形支架具

有一定工作阻力和一定可缩量的关键部件。

④ 架间拉杆。它将支架从纵向连接起来,以增强支架的整体性和纵向稳定性。

⑤ 背衬材料。它是支架与围岩之间的填充、隔离材料。背衬的目的在于改善支架的受力状况和保持围岩的稳定性。背衬材料有各种背板、金属网和架后充填材料等。

(2) 拱形支架分类

① 按支架节数分类有三节、四节、五节之分,见图1-10。一般来讲,三节和四节式拱形支架的适用条件是:

a. 巷道断面较小时用三节,较大时用四节。

b. 巷道侧压不大时用三节,侧压较大时用四节,这是因为支

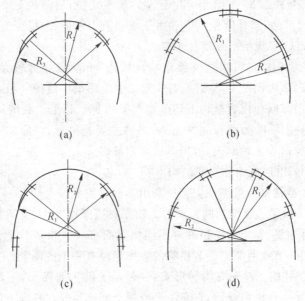

(a)

(b)

(c)

(d)

图 1-10　直腿拱形可缩性金属支架

(a) 三节式;(b) 四节式;(c) 五节加高式;(d) 五节加宽式

架受侧压时顶部的连接件可收缩。

c. 围岩条件和外载变化较大时用四节。

五节式拱形支架有两种:一种是加高式,在三节拱形支架的基础上,在柱腿下端增加两根直腿;另一种是加宽式,顶梁为三节圆弧拱梁。五节拱形支架用于断面较大(宽度较大,或者高度较大)的巷道。

② 按柱腿曲直情况分类有直腿式和曲腿式两种。

③ 按拱的形状分类有三心拱和半圆拱。拱形支架一般用于采区上、下山和工作面顺槽的支护。

④ 按支架对称与否分类可分为对称型和非对称型支架。

3. 矿用工字钢刚性支架

刚性支架就是支架本身没有可缩性或可缩性很小的支架。为了适应巷道围岩的变形,巷道整个支护体系的缩量是必需的。对于本身没有可缩性连接件的刚性支架,其支护体系中的缩量包括:支架插入底板、架后破碎矸石压缩、接榫处木垫压缩以及支架本身的挠曲变形等。由于上述支护体系的缩量很小,因此刚性支架只能使用在围岩比较稳定、变形较小、压力不太大的巷道中,否则将造成支架严重损坏。

刚性金属支架的主要架型有梯形、拱形和封闭形,其中使用最多的是梯形。

(1) 梯形刚性金属支架

① 支架的基本结构。梯形刚性金属支架有一梁二柱和加设中柱两种基本形式,见图 1-11。断面较小时用一梁二柱,断面较大或顶压较大时在顶梁下加设中柱。

梁腿之间有各种接榫结构,腿的下部焊以底座,支架与围岩之间一般均使用背板,支架与支架之间布置拉杆。

② 接榫结构。接榫结构的种类甚多,我国常用的形式如图 1-12 所示。挡块 3 用两块扁钢焊接而成,挡块 4 用矿工钢料头

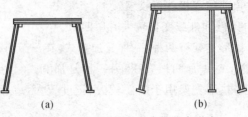

图 1-11　梯形刚性金属支架基本形式

(a)一梁二柱支架；(b) 加设中柱的支架

**制作。有时在梁腿相接处垫以薄木板,适当增加缩量和稳定性。**

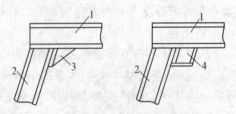

图 1-12　梯形刚性金属支架接榫结构

1——顶梁；2——柱腿；3——扁钢焊接件；4——矿工钢料挡块

(2) 拱形刚性金属支架

拱形刚性金属支架主要使用于基本巷道,种类很多,下面只介绍三种:

① 拱顶斜腿金属支架。它是矿工钢梯形刚性支架的一种改进形式,见图 1-13。当巷道顶压很大时,为了提高顶梁的承载能力,将平梁改为弧形顶梁,其曲率半径为 $R$。梁腿交接处使用工字形铸钢接榫。

② 拱顶直腿支架。拱梁半径为 $R$,柱腿上段半径为 $r$,形成另一类型的三心拱。拱梁和柱腿连接处的连接由扁钢夹板和螺栓构成,属刚性连接,一般用于稳定的较大断面巷道,见图 1-14。

③ 巷道加强拱顶支架。有些锚喷、砌碹巷道或局部地段,由

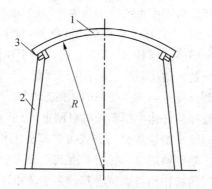

图 1-13　拱顶斜腿金属支架

1——弧形顶梁;2——柱腿;3——铸钢焊接

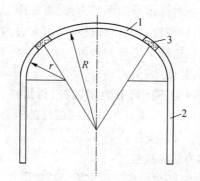

图 1-14　拱顶直腿支架

1——拱梁;2——柱腿;3——扁钢夹板连接件

于围岩松软或受采动影响而发生破坏变形时可用这种支架予以加强。这种支架实际只是一个拱顶,用短截支护型钢(矿工钢或 U 型钢均可)打入巷道两帮作为支承座支撑拱顶,并用背板背严,这样使巷道破坏变形地段得到加强。

**三、锚杆支护**

锚杆是锚固在岩体内维护围岩稳定的杆状结构物。对地下工程的围岩以锚杆作为支护系统的主要构件,就形成锚杆支护系统。

单体锚杆由锚头、杆体及托板组成。例如,对于以机械或化学方式锚固的端头锚固式锚杆,位于锚孔内部用于在锚杆和岩体之间传递力的部分是内锚头,位于锚杆孔外部用于支承托板并产生锚杆预应力的部分是外锚头。托板的作用是将围岩压力转化为对锚杆的拉力。锚杆的杆体可用不同材料制造,用于承受张拉作用。

按照锚杆与被支护岩体锚固方式可将其分为机械式、黏结式和摩擦式三类。根据锚固段位置与长度又可分为端头锚固与全长锚固两类。按照锚杆作用特点可将其分为主动式与被动式。主动式锚杆安装后施以预应力,使不同岩层间摩擦作用增大,同时将锚固范围内岩层夹紧,形成梁或拱形的承载结构,可以提高巷道稳定性。被动式锚杆不对杆体施加预应力,只有在围岩开始变形后才开始起加固作用,按照锚杆工作特性可将其划分为刚性及可伸缩性锚杆。可伸缩性锚杆又可分为增阻性和恒阻性锚杆,其典型锚杆支护特性曲线,见图1-15。

按照杆体材料的不同可分为木锚杆、竹锚杆、金属锚杆、(钢筋)混凝土锚杆以及聚酯锚杆等。根据锚杆的组合方式又可区分出单体锚杆与组合锚杆支护。

锚杆的基本力学参数包括:

① 抗拔力。锚杆在拉拔试验中承受的极限拉力;

② 握裹力。锚杆杆体与黏结材料间的最大抗剪力;

③ 黏结力。锚杆黏结材料与孔壁岩之间的最大抗剪力;

④ 拉断力。锚杆极限抗拉强度。

**四、喷射混凝土支护**

喷射混凝土是借助喷射机具将按一定比例配合的拌和料高速喷射到受喷面上。喷射混凝土作为地下工程的一种支护方式,已得到日益广泛的应用。

喷射混凝土主要有干喷和湿喷两种类型。

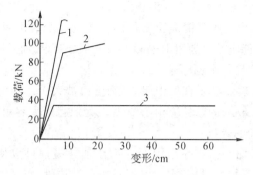

图 1-15　典型锚杆支护特性曲线
1——刚性锚杆；2——增阻式；3——恒阻式

干喷射混凝土是将干混合料用管子送到喷头，在喷头处加水后喷射到岩面上。湿喷射混凝土是先将所有的原料混合好，再将这种混合好的低塌落度混凝土泵到喷头后喷出。

喷射混凝土通过高速喷射使水泥和集料反复连续撞击、压密，使它具有较高强度和良好耐久性。混凝土喷射后立即对围岩产生密封作用，如果在拌和料中加入速凝剂，水泥可在短时间内终凝，使混凝土与岩体很快成为一个整体，防止岩石风化及因爆破或机械振动引起的进一步松脱。喷射混凝土施工工艺简单，机动性好，特别是它与锚杆支护相结合形成的锚喷支护，对于减少巷道和硐室开挖量，节约工程材料和费用，加快工程建设速度等都有重要作用。

喷射混凝土的脆性特征，即较低的抗拉强度，是它使用中存在的一个问题，这个问题也是混凝土支护所共有的。因此，对于受采动影响严重的回采巷道，一般很少采用喷射混凝土支护。另外，由于爆破质量控制不好造成的巷道断面不规则形状和超挖等，是喷射混凝土存在的另一个问题，这种巷道形状的突然改变可能引起喷层中高应力集中而引起开裂和承载能力显著降低。

1. 喷射混凝土原料与配合比

（1）水泥。喷射混凝土常用的是普通硅酸盐水泥,这种水泥来源广,又能满足普通喷射混凝土的大部分要求,而且同速凝剂有较好的相容性。水泥标号不低于 32.5 号。

（2）骨料。砂子宜用中粗砂,细度模数大于 2.5。其中,直径小于 0.075 mm 的颗粒应少于 20%。为取得最大容重,应避免使用间断级配的骨料。

（3）外加剂。在喷射混凝土中添加速凝剂可以使之速凝快硬,减少回弹损失,提高它对潮湿环境的适应性,可适当加大一次喷射厚度和缩短各喷层间隔时间等。减水剂可在保持流动性前提下显著降低水灰比。此外,还有早强剂、增粘剂、防水剂等。

一般速凝剂掺入量为 2.5%～4.0%,要求掺入速凝剂后,3～5 min 初凝,10 min 内终凝。速凝剂可与水泥、集料一起拌和,也可均匀加在上料胶带上或喷射机料斗内。

（4）配比设计。配比设计应满足下列要求:

① 可喷性,能仰喷、回弹少;

② 早期强度,能在 4～8 h 龄期内起到支护作用;

③ 长期强度,在速凝剂用量满足可喷性和早期强度前提下,必须达到 28 d 龄期强度;

④ 耐久性良好;

⑤ 材料价格低,回弹损失小,不堵塞管路。

喷射混凝土的水泥与集料之比,一般为 1∶4～1∶4.5,砂子在集料中所占百分率,一般取 45%～55%,水灰比为 0.4～0.45。

2. 喷射混凝土的施工

混凝土的喷射质量取决于选用的材料和配比。此外,还与施工密切相关。尤其是在准备岩面、控制给料速度和喷射厚度,以及喷时控制水灰比等方面,施工作业人员的熟练程度对最终结果有重大影响。

待喷岩面的准备是喷射作业的主要环节,妥善处理松石不仅有利于安全操作,还可减少因喷射于松石上而使混凝土离层剥落。显然,如果岩石很不稳固,则无法处理松石,在岩石暴露后应及时喷射混凝土进行支护。在这种情况下,需铺设金属网,然后再喷射第二层。

为了达到适当的黏结强度,要求待喷岩面不得有任何松石或异物。为此,应从岩面上冲洗掉爆破粉尘和岩体节理中的断层泥。只要用混凝土喷射机以 0.3~0.4 MPa 的正常喷射压力喷射出气水混合物即可进行冲洗,只要水量充足,就能冲掉岩面上的所有松石。清洗时喷嘴口应保持离岩面 1~2 m。

一旦洗净好待喷岩面,即可开始喷射混凝土。应根据风压调节给料速度。给料速度太低会导致产生团块输送,而无法实现稳态喷射。相反,给料速度太快又会造成喷松堵塞。显然,操作的好坏取决于所用喷射机的性能和喷射操作技术。

喷嘴与待喷岩面之间的距离取 1 m 左右最佳,因为喷距长短对回弹量的影响很大。此外,回弹量也受喷嘴与喷射面夹角的影响,一般应保持垂直。

在喷射中,喷头应保持不断移动,以便减少回弹,维持喷层厚度均匀。例如,使喷头按圆形或椭圆形轨迹作螺旋式连续喷射,环形圈应为长轴 400~600 mm,短轴 150~200 mm。

喷射混凝土终凝 2 h 后,应对喷层进行喷水养护。一般地下工程的养护时间不应小于 7 d。当地下工程内相对湿度大于 85% 时,也可采用自然养护。

喷射混凝土产生回弹,既浪费材料又在一定程度上改变了混凝土的配合比,影响喷层强度,因此应尽量减少回弹量。在正常作业情况下回弹率应控制在侧墙不超过 10%,拱顶不超过 15%。施工过程中应尽量从材料、工艺、工作条件及操作技术等方面采取降低回弹率的措施。

**五、锚网喷支护**

（1）锚网与锚网梁支护

将锚杆与掩护网、托梁（钢带）联合使用，组成一个以锚杆为主的整体承载结构，可增大锚杆的承载面积，防止锚杆间小块松石的冒落，大大改善锚杆系统的整体支护性能，使锚杆支护有可能应用在顶板较破碎或节理裂隙发育的条件下和受采动影响的巷道中。而且，还可用于巷道宽度较大的情况，从而明显地改善了锚杆的支护效果，进一步扩大了锚杆支护的应用范围。

作为联系各个锚杆的托梁主要采用钢梁。钢梁的选材范围较宽，可以采用槽钢、角钢和 U 型钢。

近年来，国内外也广泛采用钢带作为锚杆的联系构件。钢带由扁钢或薄钢板制成，为了便于锚杆安装，在钢带上预先钻好孔，钻孔形状为椭圆形，钻孔直径由相应锚杆直径确定。我国生产的钢带，共有 12 种规格，其长度为 $1.6 \sim 4.0$ m，宽 $180 \sim 280$ mm，每条重量在 $5 \sim 29$ kg 之间，可根据不同需要选用。

煤矿常用的钢带形式有：W 形钢带、M 形钢带、梯形钢带等。

W 形钢带采用抗拉强度 $375 \sim 500$ MPa 的普通热轧或冷轧钢带制作，其机械性能及技术要求应符合 GB/T 700 的规定。W 形钢带的破断力应不小于 183 kN。

梯形钢带采用抗拉强度 490 MPa 以上钢坯轧制，力学性能：高强度钢带的钢带空撕裂力不小于 220 kN；普通钢带的钢带空撕裂力不小于 180 kN；高强度钢带承载力不小于 220 kN；普通钢带承载力不小于 180 kN，其他机械性能及技术要求应符合 GB/T 700 的规定。

M 形钢带采用 Q235A 材质、抗拉强度在 375 MPa 以上的普通热轧或冷轧钢带制作，其机械性能及技术要求应符合 GB/T 700 的规定。M 形钢带的破断力应不小于 190 kN。

也可采用钢筋梯代替钢带，钢筋梯的钢筋直径一般为10 mm，钢筋间距约 80～100 mm。它们的主要优点是省钢材,且有较大刚度。但是,必须保证钢筋梯整体焊接质量,并在使用中确保锚杆托板能切实托住钢筋梯。

金属网是组合锚杆支护中常用的构件,它用来维护锚杆间围岩,防止小块松石掉落,也可用作喷射混凝土的配筋。被锚杆拉紧的金属网还能起到联系各锚杆组成支护整体的作用。金属网可负担的松石载荷取决于锚杆间距大小。

常见的金属网采用直径 3～4 mm 的铁丝编织而成,一般采用镀锌铁丝。以往采用 60 mm×60 mm 的矩形孔网,即经纬网。目前,经纬网已被丝距 40～100 mm 的铰接菱形孔金属网取代。这种菱形网具有柔性好、强度高、连接方便等优点,近年来已在我国煤矿广泛应用。

由于金属网消耗钢材较多,目前正在尽可能采用玻璃纤维网或塑料网代替。

(2)锚杆桁架

顶板锚杆桁架是 20 世纪 60 年代末出现的组合锚杆支护的一种形式。这种支护由水平拉杆、锚杆和顶板岩层一起形成整个桁架系统,通过水平拉杆的预紧作用而表现为主动式支护,从而大大改善顶板应力状态,增强顶板成拱效应,提高顶板整体抗剪能力。特别适用于围岩变形大的软岩巷道,对于锚杆或其他常规支护方法难于维护的复杂地质条件、软弱破碎顶板控制有重要作用。

顶板锚杆桁架的最基本组成部分为顶板锚杆和水平拉杆,其余构件可依情况增减。

(3)锚网索

锚杆与预应力锚索联合支护,与普通的锚网支护相比,具有更大的支护强度和可靠性,并且最大限度地改善和拓宽了锚网支护的受力状况和应用范围,大大降低了巷道的维护及返修工作量,具有显著的技术经济效益和社会效益。预应力锚索由高强度钢绞线、成套锁具、托盘等构件组成,安装时与树脂锚固剂配合使用并施加一定的预紧力。钢绞线是由一组钢丝沿一根纵轴钢丝左旋缠绕而成的;锁具是由锚头外套、锚头锁片、橡胶圈组成的成套锚固装置。

钢绞线的直径一般为 15.2 mm,长度为 5 000～8 000 mm。钢绞线强度有 1 720 MPa 和 1 860 MPa 两个级别,优先选用 1 860 MPa 强度级别。其力学性能及技术要求应符合 GB/T 5224 的规定。

钢绞线的伸长率(标距 500 mm)应不小于 3.5%,锚索安装后应施加 100 kN 的预紧力,钢绞线破断负荷应大于 220 kN。

锚索托盘采用 Q235A 材质、抗拉强度在 380 MPa 及其以上的碳素结构钢平托盘,承载能力应与钢绞线匹配。托盘中心孔直径比钢绞线直径大 2 mm,最小几何尺寸不小于 250 mm×250 mm×20 mm。

# 第四节　回采工艺与工作面支护技术

## 一、采煤方法基本知识

采煤方法包括采煤系统和采煤工艺两部分。

### 1. 采煤系统

采煤巷道的掘进一般是超前于回采工作面工作进行的,它们之间在时间上的配合以及在空间上的相互位置,称为采煤巷道的布置系统,也即采煤系统。实际生产过程中,有时在采煤系统内会出现一些诸如采掘接续紧张、生产与施工相互干扰的问题,应在矿井设计阶段或者掘进工程施工前统筹考虑解决。

### 2. 运煤系统

运煤系统实际上就是把煤炭从采煤工作面内运出,并通过一些关联的巷道、井硐最后运到地面的提升运输路线和手段。各种矿井开拓方式和不同的采煤方法都有其独特和完善的运输方法。

### 3. 通风系统

通风系统包括通风方法、通风方式和通风网络。一般分为抽出式通风、压入式通风及抽出压入混合式通风三种。

4. 运料排矸系统

煤矿井下掘进、采煤等场所所需要的材料、设备一般都是从地面经副井由井底车场、大巷等运输的;而采煤工作面回收的材料、设备和掘进工作面运出的矸石又要由相反的方向运出地面,这就形成了运料矸石的运输系统。可见不同的矿井、不同的工作地点,运料排矸的路线也不相同。

5. 排水系统

为保证井下的安全生产,井下的自然涌水、工程废水等都必须排出井外。由排水沟、井底水仓、排水泵、排水管路等形成的系统,其作用就是储水、排水、防止发生矿井水灾事故。

一般情况下,水仓的容量、水泵的排水量等,只比正常的涌水量略大一些,如何合理的配备备用设施应根据具体的水文地质条件确定,既不要长期闲置,又要能应对中小型的突发涌水。

6. 供电系统

矿井供电是非常重要的一个系统。它是采煤、运煤、通风、排水等系统及各种机械、设备运转时不可缺少的动力源网络系统。为了确保矿井生产的安全,一般采用双回路的供电方式,在一条供电线路发生故障的时候能够及时切换到另一条线路进行供电,对于供电要求严格的矿井,还可以采取双电源双回路的供电方式。

煤矿正常生产需要许许多多的相关辅助系统。总而言之,矿井的生产系统既各自独立运行又相互关联,要搞好煤矿的安全生产,提高经济效益,必须协调有效地使各生产系统都保持正常运作。

二、回采工艺与工作面支护方式

(一)炮采回采工艺

炮采工作的破、装、运、支、控是分别进行的。

1. 落(破)煤

落煤步骤如下:

（1）打眼。

① 工具：煤电钻等。

② 炮眼布置：单排、双排、三排，如图 1-16 所示。

单排：薄煤层或煤软时使用。

双排：中厚煤层使用，可分为三花、三角、对眼。硬时用对眼，软时用三花。

三排：采高较大、煤质坚硬用，一般用五花眼。

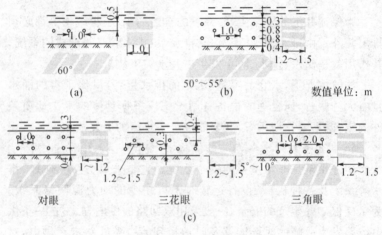

图 1-16 炮眼布置图

③ 炮眼角度：顶眼上仰 5°～10°；底眼下扎 10°～20°。一般与煤壁呈 50°～80°。

④ 炮眼深度：比一次循环进尺多 5～100 mm，进尺与顶梁长度有关。一般有 800 mm、1 000 mm、1 200 mm，特殊的有 600 mm 的。

（2）装药：视煤质软硬、炮眼布置而定，装药量一般为 150～600 g。

（3）连线：串、并联。

（4）放炮。

2. 装、运煤

炮采工作面的装运煤有以下几种方式：

（1）爆破装煤，如图 1-17 所示。

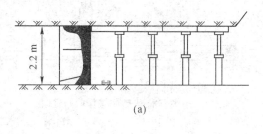

(a)

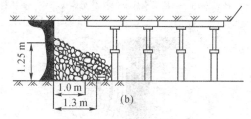

(b)

图 1-17 爆破装煤

（2）人工攉煤。

（3）机械装煤（铲煤板），如图 1-18 所示。

（4）工作面运煤采用输送机，其移置方式如图 1-19 所示。

3. 支护与采空区处理

（1）支护

① 设备：

支柱——单体液压支柱；

顶梁——金属铰接顶梁。

其布置形式如图 1-20 所示。

② 顶梁与支柱的关系：顶梁与支柱组合成支架，有正悬壁、倒悬壁两种。

③ 支架间的关系：齐梁齐柱、错梁齐柱、错梁错柱。

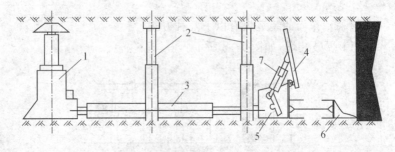

图 1-18　炮采面机械装煤作业布置图

1—SQD 双伸缩切顶墩柱；2—单体液压支柱；3—千斤顶；

4—挡煤板；5—挡煤板底座；6—铲煤板；7—支撑杆

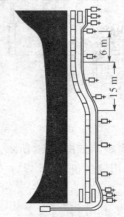

图 1-19　液压千斤顶移置输送机

④ 特种支架：支架形式有丛柱、密集柱、切顶柱、木垛等。如图 1-21 所示。

（2）采空区处理：全部垮落法为主，也有充填方法、恒底分层方法、缓慢下沉方法。最小控顶距一般为 3 排支柱，最大控顶距为 4 排或 5 排支柱。最大控顶距与最小控顶距之差即为放顶步距。全部垮落法回柱放顶工序如图 1-22 所示。

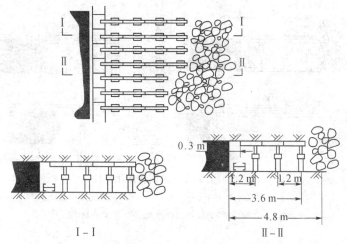

图 1-20 炮采面使用单体液压支柱和铰接梁的布置形式

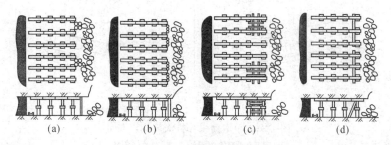

图 1-21 炮采面各种特种支架形式

(a) 丛柱；(b) 密集支柱；(c) 木垛；(d) 斜撑支架

(二) 普采回采工艺

1. 采煤机工作方式 (图 1-23)

(1) 滚筒位置：一端或两端。

(2) 旋转方向：左右工作面、左右螺旋、左面右旋、右面左旋。

(3) 割煤方式：采煤机割煤以及与其他工序的合理配合称为割煤方式。

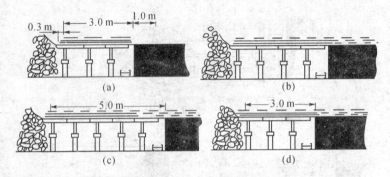

图 1-22　全部垮落法回柱放顶工序

(a) 最小控顶距时支架形式；(b) 第一次推进后支架形式；

(c) 放顶前(最大控顶距)支架形式；(d) 放顶后恢复到最小控顶状态

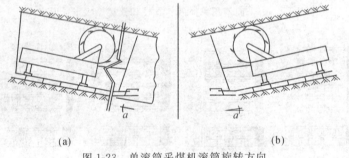

图 1-23　单滚筒采煤机滚筒旋转方向

(a) 右工作面,使用左旋滚筒,逆时针旋转；

(b) 左工作面,使用右旋滚筒,顺时针旋转

① 单向采煤(往返一刀)。

② 双向采煤(往返二刀)。

③ "∞"形采煤(单滚筒多用)。

2. 单体支架

支架的选择与煤层条件、采煤机械、顶底板性质相适应。

支架的布置方式分正、倒悬臂等,如图 1-24 所示。

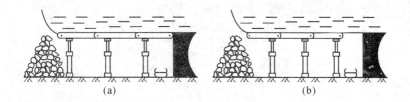

图 1-24　单体支架正悬臂和倒悬臂布置方式

(a) 正悬臂；(b) 倒悬臂

3. 工艺参数

(1) 支护密度

$$n = \frac{P_t}{\eta R_t}$$

式中　$n$——支护密度；

$P_t$——工作面支护强度；

$R_t$——支柱额定工作阻力；

$\eta$——有效支承系数，金属支柱 $0.4 \sim 0.5$，单体液压支柱 $0.85$。

(2) 排距

排距与截深有关，一般排距为 450 mm、600 mm、800 mm、1 000 mm、1 200 mm 等。

(3) 计算柱距 $a$

计算工作面所需支柱数 $m$：

$$m = \frac{(F + N \times b) \cdot l}{S}$$

式中　$F$——前端梁至煤壁距离，$150 \sim 300$ mm；

$N$——工作面支柱排数；

$b$——排距；

$l$——工作面长度；

$S$——每根支柱支护面积。

$$S = 1/n；而\ m = N \times l/a，代入上式 \qquad .$$

则
$$\frac{(F + N \times b) \cdot l}{S} = N \times l/a$$

即
$$a = \frac{S \times N}{F + N \times b} = \frac{\eta R_t N}{(F + Nb)P_t}$$

（4）上、下缺口长度

上缺口长度 6～10 m，下缺口长度 3～4 m，深度为截深的 2～3 倍，2 m 左右。

（5）斜切进刀长度：一般为 25～30 m。

（三）综合机械化回采工艺

1. 工作方式

综采面设备布置如图 1-25 所示。

（1）滚筒位置：一边一个。

（2）滚筒转向：背向机体，如图 1-26 所示。

（3）割煤方式：

① 双向割煤；

② "∞"型；

③ 单向割煤；

④ 进刀方式：斜切、中间、直接（机窝、钻入）进刀，如图 1-27、图 1-28 所示。

2. 移架方式

单架依次顺序式：这种移架方式采用得较多，优点是利于顶板管理，见图 1-29 所示；

分组间隔交错式：产量高，移速快；

成组整体依次顺序式：2～3 架一组，适用于顶板较好的情况。

3. 工序配合方式

指移架、推溜的先后顺序。

（1）及时支护：采煤机割煤后，支架依次或分组随机立即前

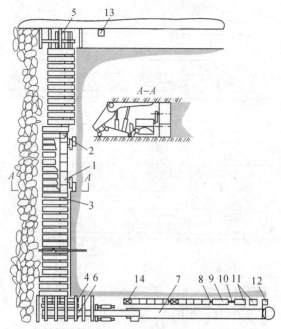

图 1-25　综采面设备布置示意图

1——采煤机；2——刮板输送机；3——液压支架；

4——下端头支架；5——上端头支架；6——转载机；

7——可伸缩胶带输送机；8——配电箱；9——乳化液泵站；

10——设备列车；11——移动变电站；12——喷雾泵站；

13——液压安全绞车；14——集中控制台

移、支护顶板，输送机随移架逐段移向煤壁，推移步距等于采煤机截深。这种方式称为及时支护。

（2）滞后支护：采煤机割煤后，输送机首先逐段移向煤壁，支架随输送机前移，二者移动步距相同。这种方式称为滞后支护。

4．端头支护

① 单体支柱与长梁（与普通机械化采煤的端头支护相同）。

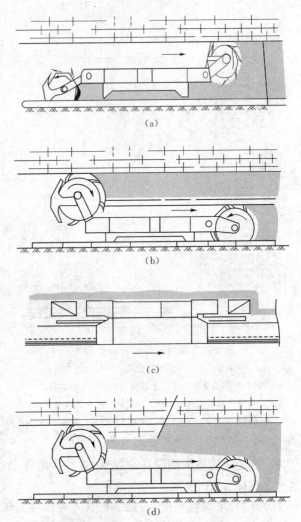

图 1-26　综采面采煤机滚筒的转向和位置

(a) 前顶后底、左顺右逆;(b) 前底后顶、左顺右逆;

(c) 薄煤层前底后顶(俯视图);(d) 前底后顶、左逆右顺

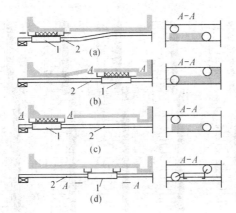

图 1-27　工作面端部割三角煤斜切进刀

(a) 起始位置;(b) 斜切并移直输送机;(c) 割三角煤;(d) 开始正常割煤

1——综采面双滚筒采煤机;2——刮板输送机

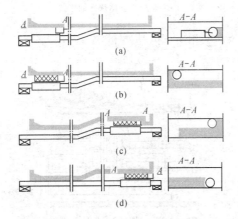

图 1-28　综采工作面中部斜切进刀

(a) 采煤机割煤至工作面左端部;(b) 返回中部回切;

(c) 移直输送机,采煤机割右半段;

(d) 输送机右半段移近煤壁,采煤机重新割左半段

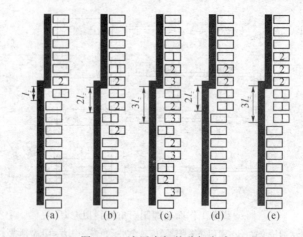

图 1-29  液压支架的移架方式

(a) 单架依次顺序式;(b)、(c) 分组间隔交错式;

(d)、(e) 成组整体依次顺序式

② 端头支架,如图 1-30 所示。

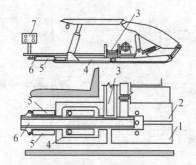

图 1-30  支撑掩护式端头支架

1、2——端头支架掩护梁;3——工作面输送机机头;

4——滑板;5——推移千斤顶;6——转载机机尾;7——液压控制阀组

③ 工作面支架:利用工作面液压支架支护端头,如图 1-31

所示。

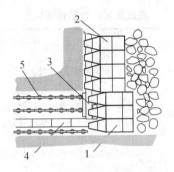

图 1-31 用综采面中间支架管理端头

1——端头处支架;2——中间支架;

3——工作面输送机机头;4——转载机机尾;5——平巷超前支护

### 三、工作面支架的结构、性能和选择

根据以往液压支架设计的经验总结,考虑到不同架型和机构的支架-围岩力学相互作用、支撑力矩、底板比压等特点,可以对掩护式与支撑掩护式结构进行比较,其力学特征见表 1-4。

液压支架的形式很多。根据液压支架与顶板相互作用的原理进行分类,液压支架可分为三大类:支撑式、掩护式、支撑掩护式。

(1)支撑式支架有蹾式支架和节式支架两种;

(2)掩护式支架有支顶式和支掩式两种;

(3)支撑掩护式有支顶式和混合式两种。

按照控制系统和工作阻力的分类:

(1)低端液压支架(操纵阀采用手动控制的阀),工作阻力在 10 000 kN 以下;

(2)高端液压支架或者说一次采全高支架,工作阻力在 10 000 kN 以上,操纵阀采用电液伺服控制。

表 1-4　　　　　　　　液压支架的力学特征综述

| 支架形式 | | 结构特征 | 主要力学特性 |
|---|---|---|---|
| 掩护式 | 支掩式 | 二支柱掩护式 | 支架承载力较小,底板比压均匀,主动水平力较大 |
| | 支顶式 | 二柱支顶掩护式 | 支架承载力大,稳定性好,底座尖端比压较大,对顶板的主动水平力较大,前端支撑力大 |
| 支撑掩护式 | 支顶支掩 | 四柱(或三柱) | 稳定性好,抗水平力强,比压均匀,但支柱能力利用率低 |
| | 支顶式 | 四柱 X 型 | 顶梁合力调节范围大,伸缩比大,承载力高 |
| | | 四柱支撑掩护式 | 承载力大,切顶能力强,比压较均匀 |

1. 液压支架的架型选择原则

在选择液压支架时既要保证对工作面顶板实现可靠的支撑,又要避免过大的设备投资,导致不必要的浪费。因此,液压支架的正确选型对于工作面经济效益关系重大。

液压支架架型的选择,主要取决于液压支架的力学性能是否适用矿井的顶底板条件和其他地质条件。在允许同时选用几种架型时,应优先选用价格便宜的支架,支撑式支架最便宜,其次为掩护式。支撑式支架适合于稳定顶板;掩护式支架适合于中等稳定和一般破碎的顶板;支撑掩护式支架适合于周期来压强烈,中等稳定和稳定顶板。

在综采工作面支架选型时,还应注意下述四点原则:

(1) 对于不稳定和中等稳定顶板,应优先选用二柱掩护式支架。但在底板极松软条件下,必须严格验算并限制支架底座尖端比压,不得超过底板容许比压即极限载荷强度。在此条件下,通常应避免使用重型支架。

(2) 对于非常稳定和稳定的难垮落顶板和周期来压强烈和十

分强烈的顶板,应优先考虑选取四柱支撑掩护式支架。

(3)众所周知,三点决定一个平面,由于顶板不平,四柱式支架中总有一根支柱对顶板的实际支撑力很低,因而二柱式掩护支架支撑能力利用率高于四柱式。即二柱式支架对顶板的实际支撑力高于同样名义额定阻力的四柱式支架,特别是对机道上方顶板的支护强度。

(4)在不稳定顶板条件下使用四柱式支架应注意对机道上方的顶板控制,包括加强支护及增加可伸缩前探梁等。

2. 影响架型选择的因素

液压支架的选型受到矿井的煤层、地质、技术和设备条件的限制,因此,以上因素都会影响到支架的选型。

液压支架架型的选择首先要适合于顶板条件。一般情况下可根据顶板的级别,由《综采技术手册》(上册)中直接选出架型。

(1)煤层厚度

① 当煤层厚度超过 1.5 m,顶板有侧向推力和水平推力时,应选用抗扭能力强的支架,一般不用支撑式支架。

② 当煤层厚度达到 2.5~2.8 m 以上时,需选择带有护帮装置的掩护式或支撑掩护式支架。

③ 煤层厚度变化大时,应选择调高范围较大的掩护式、带有机械加长杆或双伸缩立柱的支架。

④ 假顶分层开采,应选用掩护式支架。

(2)煤层倾角

① 煤层倾角小于 10°时,支架可不设防倒滑装置。

② 倾角在 15°以上时,应选用带有防滑装置的支架。

③ 倾角大于 25°时,排头支架设防倒滑装置,工作面中部支架设底调千斤顶,工作面中部输送机设置防倒滑装置。

(3)底板强度

① 验算比压,应使支架底座对底板的比压不超过底板允许

比压。

② 为使移架容易,设计时要使支架底座前部比后部的比压小。

(4)瓦斯含量

对瓦斯涌出量大的工作面,应符合保安规程的要求,并选用通风断面较大的支撑式或支撑掩护式支架。

(5)煤层硬度

当煤层为软煤层时,支架最大采高一般不大于 2.5 m;中硬煤层时,支架最大采高一般不大于 3.5 m;硬煤层时,支架最大采高小于 5 m。

(6)地质构造

断层十分发育,煤层变化过大,顶板的允许暴露面积在 5~8 m² 以下,时间在 20 min 以上时,暂不宜使用综采。

# 第五节　顶板事故及其防治

## 一、顶板类型和支护方式

1. 顶板类型

煤层顶板由伪顶、直接顶和基本顶构成。伪顶是指紧贴在煤层之上,极易垮落的薄岩层;直接顶是位于伪顶或煤层(无伪顶时)之上,一般由一层或几层厚度不定的泥岩、页岩、粉砂岩等比较容易垮落的岩层所组成,直接顶按稳定性可分为不稳定顶板,中等稳定顶板,稳定顶板,坚硬顶板;基本顶一般指位于直接顶之上(有时也直接位于煤层之上)厚而坚硬的岩层。

顶板分为坚硬难冒顶板、破碎顶板和复合型顶板。坚硬难冒顶板是指直接顶岩层比较完整、坚硬(固),回柱后不能立即垮落的顶板。一般为砂岩、砾岩和石灰岩。破碎顶板指的岩层的强度低、节理裂隙十分发育、整体性差、自稳能力低,并在工作面控顶区范围内维护困难的顶板。

2. 顶板常见支护方式

顶板常见支护方式有单体支柱支护、液压支架支护、锚杆支护。

单体支柱支护主要是指摩擦式金属支柱、单体液压支柱支护。

液压支架支护是在摩擦式金属支柱和单体液压支柱等基础上发展起来的采煤工作面机械化支护设备。

锚杆支护主要是指用金属锚杆、高强树脂锚杆结合锚网进行支护的一种支护方式。

### 二、常见冒顶事故的预兆

1. 局部冒顶的预兆

（1）工作面遇有小地质构造，由于构造破坏了岩层的完整性，容易发生局部冒顶。

（2）顶板裂隙张开、裂隙增多，敲帮问顶时，声音不正常。

（3）顶板裂隙内卡有活矸，存在掉渣、掉矸现象，掉大块前往往先落小块矸石。

（4）煤层与顶板接触面上，极薄的矸石片不断脱落。这说明劈理（即顶板节理、裂隙和摩擦滑动面）张开，有冒顶的可能。

（5）淋水分离顶板劈理，常由于支护不及时而发生冒顶事故。

2. 大型冒顶的预兆

（1）顶板的预兆

① 顶板连续发生断裂声。这是由于直接顶与基本顶发生离层，或顶板切断而发生的声响。有时采空区顶板发生像闷雷一样的声音，这是基本顶和上方岩层产生离层或断裂的声音。

② 掉渣。顶板岩层破碎下落，一般由少变多，由稀变密，这是发生冒顶的危险信号。

折梁断柱增加，说明压力已增大；顶板下沉、支架发出响声，冒顶之前有下"煤雨"等现象。

③ 顶板裂缝增加或裂隙加大。顶板的裂隙,一种是地质构造产生的自然裂隙,一种是由于顶板下沉产生的采动裂隙。人们常常在裂缝中插上木楔,看它是否松动或掉下来,观察裂缝是否扩大,以便做出预测、预报。

④ 脱层。顶板快要冒落的时候,往往出现脱层现象。检查是否脱层,可用"问顶"的方法,如果声音清脆,表明顶板完好;如果顶板发生"空空"的响声,说明上下岩层之间已经脱离。

(2)煤壁的预兆

由于冒顶前压力增加,煤壁受压后,煤质变软,片帮增多,使用电钻打眼时,钻眼省力,用采煤机割煤时负荷减少。

顶板有掉渣现象,受压支架有响声;冒顶之前有明显的预兆,煤壁变软、片帮等情况。

(3)支架的预兆

使用木支架时,支架大量折断、压劈,液压支架受压,支架有响声产生。

(4)工作面其他预兆

含有瓦斯的煤层,冒顶前瓦斯涌出量突然增大。有滴淋水的顶板,滴淋水现象增大。

**三、顶板事故的防治措施**

1. **基本顶来压时的压垮型冒顶预防**

压垮型冒顶是指因工作面支护强度不足和顶板来压引起支架大量压坏而造成的冒顶事故。预防方法如下:

(1)采煤工作面支架的初撑力应能平衡垮落带直接顶及老岩层的重量。

(2)采煤工作面的初撑力应能保证直接顶与基本顶之间不离层。

(3)采煤工作面支架的可缩量应能满足裂隙带基本顶下沉的要求。

2. 破碎顶板大面积漏垮型冒顶预防

由于煤层倾角大,直接顶又异常破碎,工作面支护不及时,在某个局部地点发生冒漏,破碎顶板就可能从这个地方开始沿工作面往上全部漏空,造成支架失稳,导致漏垮型工作面冒顶。预防漏垮型冒顶的措施有:

(1) 先用合适的支柱,使工作面支护系统有足够的支撑力和可缩量。

(2) 顶板必须背严背实。

(3) 严禁放炮、移溜等工序弄倒支架,防止出现局部冒顶。

3. 采煤工作面局部冒顶事故预防

局部冒顶多发生在工作面上下端头、煤壁区、放顶区等地点,许多垮面事故是由局部冒顶发展而成的,一般预防措施如下:

(1) 预防采煤工作面冒顶的一般措施

① 支护方式需和顶板岩性相适应,不同岩性的顶板要采用不同的支护方式。

② 采煤后要及时支护。一般要采用超前挂金属探梁或打临时支柱的办法及时支护,防止局部冒顶。

③ 工作面上下出口要有特种支架。一般要在上下出口范围内加设抬棚或木垛等,加强支护。

④ 防止放炮崩倒棚子,一是炮眼的布置必须合理,装药量要适当。二是支护质量必须合格,要牢固有劲,不能打在浮煤浮矸上,三是留出炮道。如果放炮崩倒柱子,必须及时架设,不允许空顶。

⑤ 坚持执行必要的制度。例如,敲帮问顶制度、验收支架制度、岗位责任制、顶板分析制度和交接班制度等。应严格遵守作业规程和操作规程,严禁违章作业。

(2) 预防镶嵌型顶板局部冒顶的措施

① 从地质方面要尽可能查明是否有镶嵌型(俗称锅顶)顶板

结构,以便在制定作业规程和操作规程,以及选择支架形式时,制定出针对性的措施和做出有针对性地设计。

② 选择支架形式时,必须选定能及时支护、超前支护的支架形式。

③ 明确规定支护操作人员必须首先安置探板、挂梁,不得在无支护区工作,其他人员如攉煤工等均不得在无支护区工作。

(3)预防脆性支架突然折断造成局部冒顶的措施

① 木顶梁(大板梁)必须平行木纹理加工。

② 带有疤痕的木板梁绝对禁止使用。

(4)预防局部空顶(空洞)冒落冲击造成局部冒顶的措施

① 从支护方法上采取措施防止漏顶空顶。对顶板局部破碎处,采取超前支护的方法,将顶板背严背实,防止漏顶。如掏梁窝的办法。

② 对漏顶采取封堵措施。对漏顶,不能任意扩大,形成大面积、大高度的空洞。可用撞楔法和用泡沫封堵材料进行封堵。

③ 对已形成的空洞应采取预防冒落冲击的措施。在单体支柱的工作面,空洞下的特殊支架必须是木垛。

(5)预防采煤工作面过断层时冒顶的措施

① 过断层前,应先摸清工作面与断层走向的交角,交角越小,工作面越危险,冒顶的可能性越大。断层落差小的可直接采过去,落差较大的要采用挑顶卧底,工作面要加强支护。

② 在断层破碎地点,要垂直断层面打戴帽顶柱,柱根要支在硬底上,在断层两侧都要打木垛。

③ 挑顶过断层时要丢底煤,支柱要穿木鞋,防止下沉卧底,过断层时要丢底煤,为防止顶煤落下造成空顶,留顶煤处要刹严刹紧。

**4. 掘进工作面冒顶的防治**

(1)掘进头冒顶事故的防治措施

①　坚持敲帮问顶。上班进入掘进工作面后,在打眼放炮前后均应敲帮问顶。

②　检查工作地点支架架设质量。发现不合格支架,必须先处理后施工。

③　严格控制巷道掘进迎头的空顶面积。当迎头掘进中空顶面积超出规定的要求,或顶帮比较破碎时应及时设支架棚子支护裸露的顶板。背顶封帮要严实,切忌虚设。

④　加强对巷道迎头附近围岩稳定状况的观察。如果顶板松软,或巷道接近断层时,应采用前探梁支护顶板,并缩小棚距。

⑤　掘进工作面放炮崩倒的棚子应由外向里逐架扶正背牢。

⑥　厚煤层中下分层顺槽掘进时,事先要探明顶板冒落矸石的压实情况,掘进中要及时对前方老巷、构造等情况及时观察,并及时制定有效控制措施。

⑦　在大倾角煤层中掘进顺槽时,如果是破顶掘进,则要随时随刻注意支架封顶情况,出现空顶要及时打木垛封顶。如果发现上帮破顶处支架受力、变形较大,应及时加大斜撑或抬棚,提高支架的侧向承载能力。

（2）掘进巷道冒顶事故防治措施

①　可能的情况下巷道应布置在稳定的岩体中,并尽量避免采动的影响。

②　巷道支架应有足够的支护强度以抗衡围岩的压力。

③　巷道支架所能承受的变形量,应与巷道使用期间围岩可能的变形量相适应。

④　尽可能做到支架与围岩共同承载。支架选型时,尽可能采用有初撑力的支架;特别注意顶与帮的背严背实问题,杜绝支架与围岩间的空顶与空帮现象。

⑤　凡因支架失效而空顶的地点,重新支护时应先护顶,再施工。

⑥ 巷道替换支架时,必须先支新支架,再拆老支架。

⑦ 在易发生推垮型冒顶的巷道中要提高巷道支架的稳定性,可以在巷道的支架之间用拉撑件连接固定,增加架棚的稳定性,以防推倒。倾斜巷道中支架被推倒的可能性更大,其支架间拉撑件的强度、密度要适当加大。

(3) 掘进巷道交叉点处冒顶事故防治措施

① 开岔口应避开原来巷道冒顶的范围。

② 必须在开口抬棚支设稳定后再拆除原巷道棚腿,不得过早拆除,切忌先拆棚后支架棚。

③ 注意选用抬棚材料的质量与规格,保证抬棚有足够的强度。

④ 当开口处围岩尖角被压坏时,就及时采取加强抬棚稳定性的措施。

(4) 掘进巷道过断层等构造变化带时的安全措施

① 加强巷道掘进地段的地质调查工作,特殊地段,应当有相应的针对性措施,否则不能开工。

② 巷道在破碎带中掘进,应做到一次成巷,尽可能缩短围岩暴露时间。

③ 施工中严格执行操作规程、交接班和安全检查制度。

④ 掘进工作面临近断层或穿断层带时,巷道支护应尽量采用砌碹或 U 型钢可缩性支架支护,棚距要缩小。

⑤ 减少放炮装药量,降低放炮对断层附近破碎顶板的震动。

⑥ 减少空顶距离,及时支设临时支架,永久支架要跟上,滞后距离不得大于 2~4 m。

⑦ 巷道支架背板要严实,一方面提高支架对围岩的支护能力,另一方面要防止掘进中漏顶或漏帮。

⑧ 当断层带处顶板特别松软、破碎时,要采用超前探梁支护的办法管理端面不稳定顶板,即用长 5 m 左右的钎杆沿支架顶梁

的周边把断层破碎带处顶板裂隙圈起来。

⑨ 在掘进迎头挖柱窝时,要先架好探板式撞楔,然后人在撞楔下工作。

⑩ 在顶板岩性突变地段,要及时打点柱支护突变带顶板。对伞檐状危害岩要及时敲掉,敲不下时,要在伞檐下打上撑柱,并在其下加密柱棚,可加打抬板棚。

⑪ 巷道临近断层等构造带时,放炮前还必须检查掘进头瓦斯等有害气体的积存情况,工作面附近 20 m 内瓦斯等有害气体浓度不得超过 1%。如果断层与某含水层有水力联系,事先还必须做好断层水的疏排工作。

(5) 掘进巷道在开帮或贯通时的安全措施

① 选好开帮和贯通的地点,要选在顶板和地质条件比较好、远离交叉点与停采线、煤柱等各种受集中应力影响的地方。

② 要在贯通前进行超前探测,在两巷贯通前 15 m 打好超前钻,探钻眼深不得小于 3 m,并保持 1.5 m 以上的超前探眼,以观察有无异常。贯通掘进时放小炮,巷道贯通后再刷大,防止冒顶。

③ 开帮贯通与被开帮贯通的巷道之间要保持一定的夹角。夹角在 45°～90°之间为好。

④ 开帮贯通点附近的支架要加固好,要将受施工影响的棚子进行加强,其方法有挑棚、打点柱、设木垛等。

⑤ 开帮贯通巷道的交接处要及时扶上抬棚,抬棚承载能力应视围岩性质而定,一般选择大于正常支护材料承载能力的2～3倍。

⑥ 要处理好被透点的积水及瓦斯等有害气体。

5. 巷道维修冒顶事故的防治

(1) 维修井巷支护时,必须有安全措施。严防顶板冒落伤人、堵人和支架歪倒。

(2) 扩大和维修井巷连续撤换支架时,必须保证有在发生冒顶堵塞井巷时人员能撤退的出口。在独头巷道维修支架时,必须由外向里逐架进行,并严禁人员进入维修地点以里。

(3)撤掉支架前,应先加固工作地点的支架。架设和拆除支架时,在一架未完工之前,不得中止工作。撤换支架的工作应连续进行;不连续施工时,每次工作结束前,必须接顶封帮,确保工作地点安全。

(4)维修倾斜井巷时,应停止行车;需要通车作业时,必须制定行车安全措施。严禁上、下段同时作业。

### 四、采煤工作面冒顶时的避灾自救措施

(1)迅速撤退到安全地点。当发现工作地点有即将发生冒顶的征兆,而当时又难以采取措施防止采煤工作面顶板冒落时,最好的避灾措施是迅速离开危险区,撤退到安全地点。

(2)遇险时要靠煤帮贴身站立或在木垛处避灾。从采煤工作面发生冒顶的实际情况来看,顶板沿煤壁冒落是很少见的,因此,当发生冒顶来不及撤退到安全地点时,遇险者应靠煤帮贴身站立避灾,但要注意预防煤壁片帮伤人。另外,冒顶时可能将支柱压断或推倒,但在一般情况下是不可能压垮或推倒质量合格的木垛的。因此,如遇险者所在位置靠近木垛时,可撤至木垛处避灾。

冒顶突然发生来不及撤离,要背靠煤壁站立但注意煤壁片帮伤人现象的发生,时刻注意不能麻痹大意。

(3)遇险后立即发出呼救信号,冒顶对人员的伤害主要是砸伤、掩埋或隔堵。冒落基本稳定后,遇险者应立即采用呼叫、敲打,如敲打物料、岩块(可能造成新的冒落时,则不能敲打,只能呼叫)等方法,发出有规律、不间断的呼救信号,以便救护人员和撤出人员了解灾情,组织力量进行抢救。

冒顶被困时要沉住气,用呼喊、敲打等方法来告知营救人员,为给营救创条件,发出信号要有规律。

遇险人员要积极配合外部的营救工作。冒顶后被煤矸、物料

等埋压的人员,不要惊慌失措,在条件不允许时切忌采用猛烈挣扎的办法脱险,以免造成事故扩大。被冒顶隔堵的人员,应在遇险地点有组织地维护好自身安全,构筑脱险通道,配合外部的营救工作,为提前脱险创造良好的条件。

**五、独头巷道迎头冒顶被堵人员应急措施**

(1)遇险人员要正视已发生的灾害,切忌惊慌失措,坚信矿领导和同志们一定会积极进行抢救。应迅速组织起来,主动听从灾区中班组长和有经验的老工人的指挥。团结协作,尽量减少被堵地区氧气的消耗,有计划地使用饮水、食物和矿灯等,做好较长时间避灾的准备。

(2)如人员被困地点有电话,应立即用电话汇报灾情、遇险人数和计划采取的避灾自救措施;否则,应采用敲击钢轨、管道和岩石等方法,发生有规律的呼救信号,并每隔一定时间敲击一次。不间断地发出信号,以便营救人员了解灾情,组织力量进行抢救。

(3)维护加固冒落地点和人员躲避处的支架,并派人检查,以防止冒顶进一步扩大,保障被堵人员避灾时的安全。营救人员进险区时,要保障退路的安全,顶板支护要牢固。

(4)如人员被困地点有压风管,应打开压风管给被困人员输送新鲜空气,并稀释被隔堵空间的瓦斯浓度,但要注意保暖。

# 第六节　冲击地压的形成、预测与防治

冲击地压是世界范围内煤矿矿井中最严重的自然灾害之一。灾害是以突然、急剧、猛烈的形式释放煤岩体变形能,煤岩体被抛出,造成支架损坏、片帮冒顶、巷道堵塞、伤及人员,并产生巨大的响声和岩体震动,震动时间从几秒到几十秒,冲出的煤岩从几吨到几百吨。我国绝大多数矿山的煤层与岩层都具有强烈或明显的冲击倾向。随着我国煤矿开采深度的不断增加,冲击地压灾害越来越严重,已经成为制约我国矿山生产和安全的主要重大灾害之一。

对冲击地压现象的研究主要集中在三个方向上。一是冲击地压发生机理;二是冲击地压发生危险性分析、监测与预测技术;三是冲击地压治理措施。

在冲击地压发生机理方面主要提出有强度理论、刚度理论、能量理论、冲击倾向理论、变形系统失稳理论等。

目前对冲击地压的危险性分析和预测预报主要采用采矿方法包括综合指数法、数值模拟、钻屑法等;地球物理方法包括微震法、声发射、电磁辐射等。

对冲击地压的治理措施包括战略防御和主动解危两方面。

根据具体情况,在分析地质开采条件的基础上,采用多种方法进行综合预测。

首先分析地质开采条件,根据综合指数法和计算机模拟分析方法,预测划分出冲击地压危险及重点防治区域,提出冲击地压的早期区域性预报。在此基础上,采用微震监测系统,对矿井冲击地压的危险性提出区域和及时预报;采用地音监测法、电磁辐射检测法等地球物理监测手段,对矿井回采和掘进工作面进行局部地点的预测预报;然后采用钻屑法,对冲击地压危险区域进行检测和预报,同时对危险区域和地点进行处理。

通过采用合理的开拓布置和开采方式、开采保护层、煤层预注水的方法可以对冲击地压进行有效的防范。

# 复习思考题

1. 简述矿山压力的定义。
2. 简述矿压控制原理及途径。

3. 简述支承压力的定义及分布。

4. 简述初次来压与周期来压的定义。

5. 简要阐述回采工艺分类。

6. 简述顶板事故分类。

7. 简述冲击地压的概念及预测方法。

# 第二章 矿山压力观测技能

## 第一节 矿山压力观测内容和指标

### 一、矿山压力观测目的

工作面来压参数:直接顶初次垮落步距,基本顶初次(周期)来压步距,来压强度(动载系数),顶板分类。

支架选型分析与适宜性分析。

巷道布置:煤柱留设,停采线位置确定。

灾害防治:煤与瓦斯突出、瓦斯超限、突水、冒顶等事故与矿山压力密切相关。

### 二、矿山压力观测的内容及仪器

1. 工作面

(1)综采支架工作阻力——综采记录仪、在线监测系统;

(2)顶板下沉量——顶板动态仪,测杆;

(3)活柱下缩量——钢尺;

(4)超前支承压力——钻孔应力计,单体支柱压力监测,巷道表面位移。

2. 巷道

(1)侧向支承压力——钻孔应力计,巷道表面位移;

(2)巷道变形规律——顶板动态仪,巷道表面收敛仪。

3. 地面

(1)地面岩移观测——全站仪,静态 GPS;

（2）地面深基点观测。

### 三、工作面矿压观测的目的和任务

回采工作面矿压观测的目的在于掌握工作面基本顶来压显现规律、步距和强度；分析回采空间支架与围岩相互作用关系；为研制采煤机和支护设备，合理地安排工序，合理地选择采煤参数、支护方式和顶板管理方法提出要求和提供科学依据。

掘进工作面现场观测的目的：

（1）掌握井巷围岩破坏、变形过程、应力分布规律；

（2）分析井巷支架与围岩相互作用关系；

（3）为选择合理支护方式、确定合理护巷参数，为改进巷道支护提供科学依据。

矿压观测类型：

（1）常规观测：掌握矿压活动基本规律，综合分析矿压控制问题；

（2）专项观测：分析影响矿压的某些因素（如顶煤运移）。

观测内容的选择必须充分考虑到：

（1）围岩的运动状况，从监测数据直接判断围岩是否稳定；

（2）通过支护的工作状态，判断支护参数是否合理；

（3）便于观测，易于现场测取。

矿压观测的内容：

（1）常规观测的内容

采煤工作面一般需观测"三量"，即顶底板移近量、支架阻力、活柱下缩。液压支架工作面一般还需要观测顶板破碎度等。

（2）专项观测的内容

通常根据所研究问题的性质决定需进行的专门观测目的，如上覆岩层变形、移动和破坏过程，支架外载分布等。

矿压观测的进程安排：

（1）测前准备

测前准备工作包括：选定测区、搜集测区地质及技术资料；编制采场矿压观测计划；抽调和培训测压人员，组建测压站；准备矿压观测仪表和工具等。

（2）现场观测

连续观测：从开切眼推采起，分班连续观测工作面矿压基本参数，如"三量"，一直测到基本顶初次来压或数次基本顶周期来压以后，以至采场停采。

专项观测：为查明影响工作面矿压参数的因素，或研究单项矿压课题所进行的不定期观测。

测压期间：观测人员要明确所测数据的用途，注意所测数据的代表性、准确性和科学性。井上下人员要密切配合，按观测计划规定办事，及时整理观测资料，掌握观测进度，及时预报矿压状况，为安全生产服务。

（3）总结工作

根据预定观测目的，在日常整理资料的基础上，对所测数据集中逐项细致整理，并进行数据统计分析，提出对所测工作面矿压规律的认识，并以此分析控制顶板或改进支架等措施，最后编写观测报告。

## 第二节 岩体压力和变形以及支架载荷的观测方法

岩体可定义为自然界中各种岩性、各种结构特征的岩石的集合体。地壳中没有受到人类工程活动（如矿井开掘巷道）影响的岩体称为原岩体，简称原岩。存在于地层中未受工程扰动的天然应力称为原岩应力，也称为岩体初始应力、绝对应力或地应力。原岩体在地壳内各种力的作用下处于平衡状态。当开掘巷道或进行采矿活动时，破坏了原来的应力平衡状态，引起岩体内部的应力重新分布。重新分布后的应力超过煤、岩的极限强度时，使巷道或采煤工作面周围的岩、煤发生破坏,并向已采空间移动,直至再次形成新的应力平衡。采动后作用于围岩和支护物上的力,称为矿山压力。

像其他材料一样,在载荷作用下岩体会产生变形,载荷不断增加,变形会不断发展,最后会导致岩体的破坏。了解岩体的变形规律和特性,对于控制岩体变形,解决井巷设计、掘进和维护,以及与地下开采有关的其他实际问题都有重要意义。岩体不是理想的弹性体,而是具有弹性、塑性的多裂隙的非连续介质,其变形性质也反映了这些特点。例如,岩体在载荷作用下出现弹性变形,同时也产生塑性变形,岩体变形的方向往往受裂隙方向的控制。

**一、岩体的变形和破坏特征**

岩体的变形要比岩块的变形复杂得多,因为岩体是由大小和形状不同的各种天然岩块(结构体)和切割这些天然岩块的弱面(结构面)组成的。所以在岩体的总变形中必然包括结构体和结构面的变形成分,前者通常可分为结构体的压缩变形和形状变形;后者则可分为结构面的压密变形和剪切滑移变形。岩体变形时除了出现与岩石试验相同的那种横向变形外,还有因破坏前产生的非弹性膨胀(扩容)而造成的侧向变形(侧胀)。因此,在表达岩体变形特征时,通常用侧胀系数 $\mu_M$ 来代替岩石的横向变形系数 $\mu$(泊松比)。侧胀系数的含义是:侧向变形与纵向变形的比值。

岩体受力后产生变形和破坏的过程分为四个阶段,其应力-应变曲线见图 2-1 所示。

(1)压密阶段。岩石受力后,首先出现的是压密阶段 I。此时,变形主要是由岩体内的结构面(节理、裂隙等)被闭合和裂隙中充填物受到压密而造成的。其特点是:随着应力的增长,变形增长率逐渐减小,故应力-应变曲线呈上凹状。

(2)弹性阶段。岩体经过压缩以后,即由非连续介质转化为连续介质。在载荷的持续作用下将进入第二阶段——弹性阶段

Ⅱ。在这个阶段中,结构面和结构体的性质共同起作用,但主要是结构体开始承载和产生变形,这时弹性变形是岩体变形的主要组成部分。其特点是随载荷增加,变形基本上按比例增长,即应力-应变曲线表现为直线型。

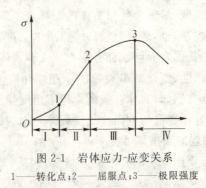

图 2-1 岩体应力-应变关系

1——转化点;2——屈服点;3——极限强度

（3）塑性阶段。当变形继续发展到屈服点以后,就进入岩体变形第三阶段——塑性阶段Ⅲ。在这个阶段中,与结构体变形同时伴随有结构面的剪切滑移变形,且变形成分主要是沿结构面滑移,岩体的扩容现象越来越明显。其特点是:随载荷增加,其变形增长率不断增加,即应力-应变曲线呈弯曲状。

（4）破坏阶段。当应力增加到极限强度时,使岩体沿着某些破损滑动而导致岩体破坏,于是进入第四阶段——破坏阶段Ⅳ。在变形全过程中,无法严格区分岩体的变形和破裂,实际上岩体在变形过程中包含着破裂的成分,破裂的出现反映着变形积累的突变。因此,变形和破裂没有明显的界限,这是岩体变形性质区别于其他材料的最主要的特点。

**二、支架载荷的观测**

1. 观测仪器的设置

（1）设在支柱的上端或底座下。一般情况将观测仪器压在支柱底座下,安设时首先将底板铲平,露出真底,不要放在浮煤上,然后将支柱架设在顶梁与仪器之间。安设时要求底座与仪器对正，避免因支柱歪斜等造成局部应力集中，而使观测数据出现偏差。当煤层底板松软或浮煤较多时，也可将仪器设于顶板与立柱上端之间。

（2）直接安装在液压支柱的三通阀处或液压支架立柱的高压胶管路上。前者可使用 DZ-C 型液压支柱测力计；后者可使用 YTL-610 型圆图压力自记仪。YTL-610 型圆图压力自记仪用一个三通与立柱的高压腔接通，然后将仪器挂在该立柱附近的顶梁上或绑在立柱上，并用胶皮护帘或铁盒子等物加以保护。

2. 观测方法与数据记录

对于非自动记录类仪器，每次安设前要先读取零读数，连同仪器编号一起记入表相应位置。安设完毕后，立即读取初读数。此后与顶底板移近量观测等同时进行，每 1～2 h 观测一次。采煤工作面回柱放顶时，将仪器收回，重新安设后可继续使用。

使用自动记录类仪器时，安设前先上紧发条，换好记录纸，调整好记录笔，并在记录纸上注明架号、柱别、换纸日期及换纸人等。然后将仪器与观测立柱高压腔连通，即可进入自动记录状态。观测期间，每天更换一次记录纸，同时检查自动记录仪的工作情况。如发现因仪器本身故障造成记录不完整或不准确时，应简要注明原因，并及时进行维修或更换。

# 第三节 矿压观测仪器、仪表及操作

## 一、矿压观测仪器、仪表的工作原理

1. 矿山压力观测仪器的分类

（1）按照观测内容分类

① 采煤工作面和巷道支柱压力观测仪器；

② 顶底板相对移近量和巷道围岩表面位移观测仪器；

③ 岩体内原岩应力和附加应力观测仪器；

④ 围岩深部位移观测仪器；

⑤ 矿山动力现象观测仪器。

（2）按照工作原理分类

① 机械式：机械式测试仪器的原理是基于机械传动学原理。利用金属构件受力后产生弹性变形，并通过传动系统放大，由计数装置将数值显示出来。这种仪器是以杠杆、弹簧、齿轮、量具（游标卡尺、百分尺、千分表）等为基本元件制造的。

② 液压式：液压式测试仪是利用液体不可压缩和各向均匀传递压力的原理制造的。

③ 电磁式：电磁式测试仪器是根据电磁学的原理设计的。这些仪器将被测参数，如应力、应变、位移、流量等转换成电量，以便用电测的方法来测量电量。

④ 声学式：声学式仪器测试技术的实质是在被测物体中（岩体、混凝土等），利用声波或超声波的传播速度、相位、振幅、频率等的变化规律取得数据或图像，再通过计算或按事先标定的曲线求得所需的物理参数，通称声波探测法。它属于非破损监测技术的一种。

2. 按矿压监测仪器的发展历史来讲述矿山压力监测主要仪器

（1）第一代仪表：以机械式测量仪表为主的简易仪表

时间：20 世纪 70 年代～80 年代初。

特点：以机械结构为主，工艺比较粗糙，测量准确度较低，售价低，维修简单。

代表：机械动态仪、机械圆图仪、双记仪、液压枕等。

（2）第二代：以电子测量方法为标志的仪表

时间：20 世纪 80 年代～90 年代。

特点：① 开始应用传感器测量技术；

　　　　② 以 CMOS 数字电路的低功耗设计；

　　　　③ 蓄电池仪表供电方式；

　　　　④ 报警及数字显示。

　代表：① 钢弦式压力盒传感器及频率计；

　　　　② 应变式压力检测仪；

　　　　③ 数字显示式动态仪；

　　　　④ 顶板动态遥测仪（系统）；

　　　　⑤ 数字式顶板下沉报警仪等。

　（3）第三阶段：以微处理器应用为代表的智能化检测仪器/系统

　时间：20 世纪 90 年代～90 年代末。

　特点：① 具备数据存储和通讯功能；

　　　　② 具备了一定的分析和处理功能；

　　　　③ 低功耗和仪器小型化；

　　　　④ 标准的数字通讯接口（RS232、RS485、CAN 等）。

　代表：电脑动态仪、电脑多功能检测仪、岩体声发射检测仪、数显式微型综采测压表、综采工作面压力计算机检测系统、煤矿顶板来压预报计算机监测系统、顶板离层监测报警系统、综采压力记录仪、巷道断面检测仪、超声波围岩松动圈测量仪等。

　（4）基于嵌入式计算机技术和以太网技术应用的矿压检测技术

　时间：20 世纪 90 年代～90 年代末

　特点：① 多功能数据处理分析；

　　　　② 以太网接口；

　　　　③ 海量存储技术；

　　　　④ 智能一体化传感器；

　　　　⑤ 信息共享。

　代表：① KJ152 煤矿顶板动态监测系统；

② 岩体/煤体内部应力场电磁波辐射探测技术；

③ 围岩破裂带微震探索技术。

**二、矿压观测仪器、仪表的操作**

1. 金属支柱载荷监测仪器

主要有机械式（AD5-45 型如图 2-2 所示）测力计、液压式（HC型）测力计等。现场应用较广泛的是钢弦（GH 型）测力计。下面对钢弦式测力计作简单介绍。

图 2-2 机械式 AD5-45 型测力计

① 钢弦测力计用途

钢弦测力计主要是 GH 系列双线圈自激型钢弦压力盒与GSJ-1型频率计（或 DK-1、DK-2 型遥测仪）配套使用的安全火花型传感器，见表 2-1。

表 2-1　　　　　　GH 系列钢弦压力盒

| | 型号 | 规格 | 主要用途 | 配套接收仪表名称 |
|---|---|---|---|---|
| 压力盒 | GH-50 | 0～490×103 | 单体支柱 | GSJ-1 型频率计<br>DK-1、DK-2 遥测仪 |
| 压力盒 | GH-25 | 0～245×103 | 巷道支架 | GSJ-1 型频率计<br>DK-1、DK-2 遥测仪 |

|  | 型号 | 规格 | 主要用途 | 配套接收仪表名称 |
|---|---|---|---|---|
| 压力盒 | GH-10 | 0～98×103 | 巷道支架、井壁 | GSJ-1 型频率计<br>DK-1、DK-2 遥测仪 |
| 压力盒 | DGH-600 | 0～5 880 | 外注式单体<br>液压支柱 | GSJ-1 型频率计<br>DK-1、DK-2 遥测仪 |
| 压力盒 | ZGH-600 | 0～5 880 | 综采液压支架 | GSJ-1 型频率计<br>DK-1、DK-2 遥测仪 |

② 原理及结构

钢弦测力计的结构示意图如图 2-3 所示。当支柱压力 $P$ 通过导向球面盖 1 作用于工作膜 3 时,工作膜受力挠曲,两钢弦柱 4 张紧钢弦 5,使弦的振动频率 $f$ 升高,$P$ 越大则 $f$ 越高。由频率计显示振弦的频率 $f$,再从 $P$-$f$ 标定曲线中查得 $P$ 值。

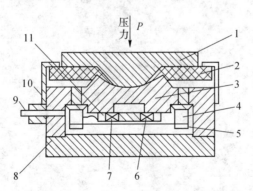

图 2-3 GH-50 型钢弦压力盒结构示意图

1——球面盖;2——橡胶垫;3——工作膜;4——钢弦柱;

5——钢弦;6——激发磁头;7——感应磁头;8——后盖;

9——电缆插头;10——护罩;11——磁头板

③ GSJ-1 型频率计

GSJ-1 型数字频率计是钢弦式压力盒的数字转换器,借此可以算出压力盒的压力。

随着压力监测要求的提高,可用 DK-1、DK-2 型矿压遥测仪进行多点有效巡测,并通过矿井电话电缆送至地面接收机,由地面微机处理测得的支柱压力数据。

现在已经研制成功并应用红外传输等便携式仪表。

2. 液压支架(柱)载荷监测仪器

(1) SY-40B 微表式单体液压支柱工作阻力检测仪

① 用途

该仪器见图 2-4,用于检测单体液压支柱初撑力及工作阻力,是单体液压支护工作面支护质量监测的主要仪器。具有体积小、便于操作(压杆式)、精度高等特点。

图 2-4　矿用单体支柱数显检测仪

② 原理与结构

该测力仪由阀体、锁紧装置、压力表及增压装置(SY-40B 型)等组成。压力表显示读数。测压时,压下压杆打开三用阀的单向阀,高压液体流入测压仪,压力表即显示压力值,测压后,将压杆复位,支柱单向阀重新关闭,取下测力计,完成测试过程。

(2)圆图自记仪及其数据处理系统

① 用途

圆图自记仪主要用于测量和记录液压支架及各种设备的液体压力。圆图自记仪数据计算机处理系统主要将记录仪记录的数据信息通过计算机,绘出直观的受力分析图。这是综采液压支架支护质量监测的主要仪器。

② 原理与结构

当记录笔在记录所指示压力值的同时记录纸在圆图方向指示时间值。同时,任一时刻的压力值亦可在标尺上直接读出。圆图压力记录仪工作原理如图 2-5 所示。

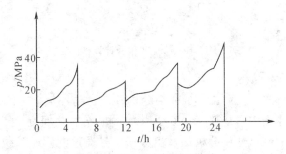

图 2-5  圆图压力仪记录曲线

③ 数据处理

圆图自记仪数据计算处理系统主要由数字化仪、IBM-PC 系列机及兼容机等组成。

利用计算机图形处理设备,先将综采圆图自记仪记录的压力-时间曲线圆图纸平放在数字化仪上;

通过扫描笔将圆图纸上的压力-时间曲线上的特征点,扫描进入计算机处理系统;

处理系统对扫描信息进行数学、力学统计分析,最终输出直角坐标系下的支柱受力状态图。

(3) KJ216综采支架压力计算机监测系统

① 用途

它是一种适用于煤矿高产高效工作面综采支架压力参数进行远距离监测的分布式在线监测系统。如图 2-6 所示。

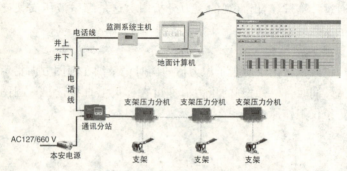

图 2-6  KJ216综采支架压力计算机监测系统

② 系统结构

井下部分包括:工作面压力分机、通讯分机、本安电源、通讯电缆等,工作面内可连接 1~46 个压力分机,分机之间有专用电缆串联至通讯分机,通讯分机的输出数据信号通过电话通讯线路发送至井上。

井上部分包括:接收机、计算机、打印机等。接收机内置数据收发单元完成数据存储和与 PC 计算机的数据通讯,接收机输出信号与 PC 计算机的 RS-232 接口连接。

底板比压测试是利用底板比压仪,对煤层的底板进行压强破坏性测试,通过数据搜集、分析,计算出底板压强的工作过程。底板在承受支架载荷时会产生弹性变形,支架工作阻力增大时,底板弹性变形也随之增大,达到极限后就会发生脆性变形,即底板脆断。

3. 围岩相对移近量监测仪器

围岩相对移近量监测仪器有:测杆 DDS-2.5;测枪 BHS-10;顶板下沉速度报警仪 DSB-1;顶板动态仪等。

下面重点介绍在煤矿现场广泛应用的顶板动态仪,并以 KY-82型顶板动态仪为代表进行介绍。

(1) 作用及用途

KY-82 型顶板动态仪(图 2-7)是一种普及型机械式高灵敏度、大量程位移计,主要用来监测采场顶底板相对移近量、移近速度,是监测巷道和硐室稳定性、研究顶板活动规律、支承压力分布规律以及进行采场来压预测预报的常用仪器。

(2) 仪器使用

使用时动态仪安装在顶底板之间,依靠压力弹簧 5 固定。粗读数或大数由游标 13 指示,从刻度套管 10 上读出,每小格 2 mm,微读数或小数由指针 9 指示,从刻线盘 8 上读出,刻度盘上每小格为 0.01 mm,共 200 小格,对应 2 mm。

(3) 发展现状

由于 KY-82 型顶板动态仪需要观测人员在现场测读,工作量较大,研究单位又相继开发了 RD1501 数显式动态仪,DD-1A 型电脑动态仪及 DCC-2 型顶板动态遥测仪。这些仪器读数误差得到有效清除,并可自动储存和分析测读数据。

4. 岩体内钻孔位移监测仪器

(1) 用途

为了深入研究支架与围岩的相互作用,合理选择维护措施,不仅要了解巷道表面位移和变形规律,而且还必须在较大范围内了解围岩内部的活动情况,测定围岩深部各个位置上的径向位移和应变及其随时间的变化过程,即开展岩体内部位移和应变监测。

岩体内部位移亦称钻孔位移,而测量钻孔位移的仪表称为多

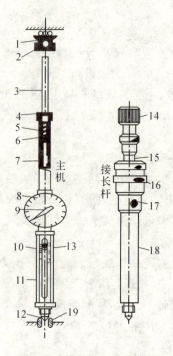

图 2-7　KY-82 型顶板动态仪

1——顶盖；2——万向接头；3——压杆；4——密封盖；5——压力弹簧；

6——万向接头；7——齿条；8——微读数刻线盘；9——指针；10——刻度套管；

11——有机玻璃罩管；12——底链；13——读数游标；14——连接螺母；15——内管；

16——卡夹套；17——卡夹；18——外管；19——带孔铁钎

点位移计,常用于监测巷道深部围岩移动状况、采场上覆岩层和底板活动规律等。

（2）测试原理

在进行钻孔位移监测时,一般都以钻孔底的最深测点为基准点,而测定其他各测点（包括孔口表面点）与孔底点的相对位移。如果钻孔有相当的深度,使孔底基准点处于采动圈以外,则可认为它是不动点。相对于此不动点所测得位移就是绝对位移。若钻孔深度不够,所测得的位移是相对位移。测量时,通常量测各测点对应于钻孔口附近固定点间的径向相对位移。经过计算,获得各测点的位移。

岩层探测记录仪由彩色摄像探头、视频传输线、导杆、深度计数器和主机等部分组成。如图 2-8 所示。

图 2-8　岩层探测记录仪

岩层探测记录仪的主要参数:

摄像头直径 $\phi$25 mm,长 100 mm;

探测深度:0～20 m;

主机尺寸:长×宽×高＝240×190×83(mm$^3$);

连续工作时间:8 h;

录像存储容量:2 G。

应用岩层探测记录仪探测围岩内部破坏情况时,须在巷道表面钻孔,利用导杆人工沿钻孔轴心推进摄像头,直到钻孔底部。通过彩色摄像探头实测钻孔内岩层图像,由视频传输线将视频信号传输到主机液晶显示屏上,由深度计数器记录摄像头进入钻孔的深度,在显示屏幕上可显示钻孔内壁构造和探测深度。

可用于矿井井下采掘巷道和回采工作面的地质勘探、测量巷道围岩产状、裂隙宽度,以及描述巷道围岩离层、破裂、错位、岩性变化等情况。

# 第四节　矿山压力观测数据整理与总结

## 一、报表填写

表 2-2　　　　　　　巷道断面收缩观测记录表

单位名称：　　　　　　　　　　　　　　　　　　　　（观测站）

| 观测时间 | 工作面推进距离/m | 1# 观测站离煤壁距离/m | 顶底板距离/mm | | | | 两帮距离/mm | | | |
|---|---|---|---|---|---|---|---|---|---|---|
| | | | 1# | 2# | 3# | 4# | 1# | 2# | 3# | 4# |
| | | | | | | | | | | |
| | | | | | | | | | | |
| | | | | | | | | | | |
| | | | | | | | | | | |
| | | | | | | | | | | |
| | | | | | | | | | | |

观测人：

表 2-3　　　　超前支护单体压力记录表（单位：MPa）

单位名称：　　　　　　　　　　　　　　　　　　　　（观测站）

| 观测时间 | 工作面推进距离/m | 1# 观测站离煤壁距离/m | 1# | 2# | 3# | 4# | 5# |
|---|---|---|---|---|---|---|---|
| | | | | | | | |
| | | | | | | | |
| | | | | | | | |
| | | | | | | | |
| | | | | | | | |
| | | | | | | | |

观测人：

表 2-4　　　　　　　**工作面支柱工作阻力观测记录表**

单位名称：　　　　　　　　　　　　　　　　　　　　　　　　（观测站）

| 观测时间 | 工作面推进距离/m | 前排(煤壁) | | 二排 | | 后排(采空区) | |
|---|---|---|---|---|---|---|---|
|  |  |  |  |  |  |  |  |
|  |  |  |  |  |  |  |  |
|  |  |  |  |  |  |  |  |
|  |  |  |  |  |  |  |  |
|  |  |  |  |  |  |  |  |
|  |  |  |  |  |  |  |  |
|  |  |  |  |  |  |  |  |
|  |  |  |  |  |  |  |  |
|  |  |  |  |  |  |  |  |
|  |  |  |  |  |  |  |  |
|  |  |  |  |  |  |  |  |
|  |  |  |  |  |  |  |  |
|  |  |  |  |  |  |  |  |
|  |  |  |  |  |  |  |  |
|  |  |  |  |  |  |  |  |
|  |  |  |  |  |  |  |  |

观测人：

表 2-5　　　　　　　　　**离层仪观测记录表**

单位名称：　　　　　　　　　　　　　　　　　　　　　　　　（观测站）

| 观测时间 | 工作面推进距离/m | (　　)#测站离煤壁距离/m | 内测筒读数/mm | | | | | | 外测筒读数/mm | | | | | |
|---|---|---|---|---|---|---|---|---|---|---|---|---|---|---|
|  |  |  | 1# | 2# | 3# | 4# | 5# | 6# | 1# | 2# | 3# | 4# | 5# | 6# |
|  |  |  |  |  |  |  |  |  |  |  |  |  |  |  |
|  |  |  |  |  |  |  |  |  |  |  |  |  |  |  |
|  |  |  |  |  |  |  |  |  |  |  |  |  |  |  |
|  |  |  |  |  |  |  |  |  |  |  |  |  |  |  |

观测人：

**表 2-6** 　　　　　　　　　　**锚杆测力计记录表**

单位名称：　　　　　　　　　　　　　　　　　　（观测站）

| 观测日期 | 工作面推进距离/m | 1# 离煤壁距离/m | 6# 离煤壁距离/m | 锚杆测力计读数/MPa | | | | | | | | |
|---|---|---|---|---|---|---|---|---|---|---|---|---|
| | | | | 1# | 2# | 3# | 4# | 5# | 6# | 7# | 8# | 9# |
| | | | | | | | | | | | | |
| | | | | | | | | | | | | |

观测人：

**表 2-7** 　　　　　　　　　　**宏观现象观测记录表**

单位名称：　　　　　　　　　　　　　　　　　　（观测站）

| 观测日期 | 煤壁片帮 | 直接顶悬顶距 | 冒落岩层厚度目测 | 顶板断裂与破断响声 | 支柱折损 | 顶板裂隙 |
|---|---|---|---|---|---|---|
| | | | | | | |
| | | | | | | |
| | | | | | | |

观测人：

**表 2-8** 　　　　　　　　　　**工作面单体支柱缩量记录**

单位名称：　　　　　　　　　　　　　　　　　　（观测站）

| 观测时间 | 工作面推进距离/m | 活柱长度/mm | | | 顶底板距离/m | | |
|---|---|---|---|---|---|---|---|
| | | | | | | | |
| | | | | | | | |
| | | | | | | | |
| | | | | | | | |
| | | | | | | | |
| | | | | | | | |

观测人：

## 二、观测数据处理

矿压观测资料的分析整理与总结十分重要。其资料分析结果对其他工作面、水平煤层开采具有工程类比的作用。如果不认真整理、分析、总结观测资料,那么矿压观测工作也只是一种形式。相同的矿压观测手段、数据和基本资料,不同的人总结出来资料的质量及实用性不同。

矿压观测数据的分析与处理:包括对矿压观测数据可靠程度的判定、观测数据的计算、制表、作图、分析及经验公式的确定等内容。

(一) 观测数据的误差分类

1. 按照误差的来源分类

(1) 设备误差

① 设备误差按其来源分为:

a. 标准器误差:提供标准量值的器具称为标准器,来自标准器的误差称为标准器误差;

b. 仪表误差:由仪表本身引起的误差称为仪表误差;

c. 附件误差:为方便测量所使用的各种辅助物均属测量附件,由这些附件所引起的误差称为附件误差。

② 设备误差按其表现形式分为:

a. 机构误差:由于制造工艺及组装技术所引起的误差;

b. 调整误差:仪表、量具等没有调到理论状态引起的误差;

c. 量值误差:测量值不准(如用皮尺度量时拉紧度不同),量值不均匀引起的误差。

(2) 环境误差

由于各环境因素与要求的标准状态不一致造成的误差。这些因素有温度、湿度、大气压、振动、亮度(引起视差)等。

(3) 人员误差

人员误差是测量者生理上的最小分辨力、观测经验等引起的误差。

（4）方法误差

由于研究方法引起的误差。如经验公式、函数类型选择的近似性引起的误差，把岩石视为连续的弹性均质体，操作和测点布置不合理等引起的误差都是方法误差。

2. 按照误差性质分类

（1）系统误差

指针不回零、尺子刻度不准、周围环境改变等，都引起系统误差。找出其误差数值变化的规律，加入适当的修正值后就可消除系统误差。对矿压观测仪器进行严格的标定和校准，是消除系统误差的主要方法。

（2）偶然误差

单次测量时，误差可大可小，可正可负，多次测量后，其平均值趋于零，具有这种性质的误差称为偶然误差。

（3）综合误差

系统误差与偶然误差合称为综合误差。

（4）粗差

由粗枝大叶、过度疲劳或操作不正确等引起，如测错、读错、记错等。粗差又称为过失误差。

误差的性质可以转化。例如，测杆刻度划分误差，对于制造测杆来说是偶然误差，但当这台测杆用于测量顶底板相对移近量时，就成为系统误差。

（二）概率论与数理统计方法在矿压观测数据处理分析中的应用

观测工作特征：

（1）可以在相同的条件下重复进行；

（2）每次观测时观测值可能不止一个，但应事先掌握观测值的取值范围；

（3）每次观测前不能确定该次将测得什么值。

1. 基本概念

（1）总体和样本

矿压观测中,总体是指某个矿压观测量（如顶底板移近量、支柱载荷等）$X$ 取值的全体。

矿压观测量 $X$ 所能取的实数个数很多,只能根据具体条件,每隔一段时间（如一天、两个小时等）在某一测区或测站进行观测。观测所得到的数据仅是观测量 $X$ 取值范围中的一部分。把从总体中得到的一部分个体,统称为一组样本。样本中所包含的个体数目称为样本容量,取值范围为样本空间。

观测数据不可避免地存在随机误差。数理统计的研究内容之一就是如何利用随机误差理论,根据容量有限的样本数据对总体进行推断,并做出可靠性分析。

（2）概率及随机变量正态分布函数

随机试验中,每一个可能出现的结果称为基本事件。所有基本事件组成的集合叫做该随机试验的样本空间,记为 $S$。

顶板下沉量观测是一种随机试验,观测中可能测得的一个下沉值就是一个基本事件,下沉量的取值范围就是样本空间。基本事件之间是互不相容的。

定义:设 $X$ 是一个随机变量（如矿压观测量）,$x$ 是任意实数,用 $F(x)$ 表示 $X$ 小于 $x$（即 $X \leqslant x$）的概率,即

$$F(x) = P\{X \leqslant x\}$$

此 $F(x)$ 称为随机变量 $X$ 的分布函数。

如果对于随机变量 $X$ 的分布函数 $F(x)$,存在非负的函数 $f(x)$,使得对于任意数 $x$ 有 $F(x) = \int_{-\infty}^{x} f(t)\mathrm{d}t$,则称 $x$ 为连续型随机变量,函数 $f(x)$ 称为 $x$ 的概率密度函数,简称概率密度。

2. 频数与频率分布

为了进一步分解数据的波动情况,找出数据的分布规律,还要

对数据进行分组、求出频数、画出直方图、得到频率分布。

例如:中测区三架支架测得的时间加权平均工作阻力 $P_t$,共 26 个数据,单位 kg/cm²,如下:

1 102,883,1 518,1 342,1 031,699,1 299,956,1 181,676, 989,930,1 349,1 085,1 020,847,1 232,1 139,933,763,745,672, 1 330,464,1 162,1 075。

求频率分布并画出直方图的步骤如下:

(1) 确定 $P_t$ 上、下限:为取整,定上界为 1 600、下界为 400。

(2) 确定组距(子区间长度):组距为 200。

(3) 列表统计频数、计算频率:表中数据中落在每个组中的数目,称之为频数或频次。求出频数与总数的百分比,即得频率。

(4) 画出直方图:以频率为纵坐标,以 $P_t$ 为横坐标,根据表中相应的数值即可画出直方图。

3. 用回归分析求经验方程

有的矿压观测量之间无确定的函数关系,并非毫无关系,这种关系为相关关系。

回归分析是研究相关关系的一种数学方法。

$N$ 对观测数据在坐标系中的点几乎在某条直线附近,则两个参数呈线形相关关系。

### 三、矿压观测结果分析与报告编写

(一)采煤工作面矿压观测报告内容

1. 观测的目的、内容及方法

说明本次矿压观测的主要任务、内容、采用的矿压观测仪器、测区及测站的布置、观测和记录的方法及日常数据整理方法等。

2. 测区地质及生产技术条件

(1) 说明观测工作面的地质条件,煤层名称、采高、顶底板岩层组成、各层厚度、岩石强度、裂隙及构造发育程度、倾角、采深等(附综合柱状图)。

（2）说明观测工作面的生产系统、开采要素、工作面周围的开采状况及与采空区的相对位置关系等。

（3）说明观测工作面支架型号及参数、支架规格、采煤机型号及工作方式，控顶方式及控顶距，端头支护方式及劳动组织等。

3. 观测结果分析

观测成果的好与坏主要取决于观测计划及手段是否完善、观测工作组织与实施情况。如果观测目的明确，观测项目针对性强，观测方法和手段得当，观测数据完整且比较准确，运用恰当的数据整理方法，一定会取得满意的成果。

4. 结论与建议

结论和建议的主要内容是：工作面矿压显现规律，支架形式与参数的改进建议，对顶板控制的建议，其他需要说明的问题。

（二）观测结果分析

1. 顶板来压特征

（1）来压显现程度

一般列表对比来压时与来压前支架（柱）工作阻力、顶底板移近量、顶板破碎程度、活柱下缩量及煤壁片帮深度等项目，判断来压显现程度。

（2）来压步距

来压步距主要是指基本顶初次来压步距 $L_0$ 及周期来压步距 $L_E$。实测表明，利用顶底板移近量及支柱（架）工作阻力 $P_0$、$P_t$、$P_m$ 可初步判定 $L_0$ 和 $L_E$。再参考煤壁片帮深度、冒落高度、顶板破碎度及巷道底鼓速度对其变化规律进行判断。

（3）来压强度

判断来压强度，可利用动压系数 $K_D$ 作为衡量的标准，$K_D$ 为基本顶周期来压时工作阻力 $P_基$ 与非周期来压期间工作阻力 $P_平$ 的比值。

2. 对煤层顶板稳定性的评定

顶板稳定性对架型选择、支架参数的确定有着明显的作用。对煤层顶板稳定性的评定主要是确定顶板的类别或级别。对照《缓倾斜煤层顶板分类方案》的标准,根据观测结果,确定观测工作面直接顶的类别和基本顶级别。

3. 对支架参数合理性的分析

(1) 根据木支柱工作面顶板下沉量、端面顶板破碎度、支柱折损率对木支柱控顶效果及支护密度、支柱规格作出评价。

(2) 金属摩擦支柱的适应性和参数的合理性,应根据工作面的控顶效果作出判断。

(3) 单体液压支柱和综采液压自移支架可作如下分析:初撑力 $P_0$ 的平均值及各区间的分布频率;初撑力对时间加权平均阻力 $P_t$ 的影响回归分析;初撑力对最大阻力 $P_m$ 的影响回归分析;临界初撑力的确定;额定初撑力的利用率及改善途径;时间加权平均阻力、循环末阻力及额定阻力的实际利用率;实测安全阀开启率及对顶底板移近量的影响;额定工作阻力合理性的评价;建议的额定工作阻力。

4. 顶梁载荷分布及改善途径

单体支柱工作面顶梁载荷分布基本上由立柱的工作阻力决定。

综采工作面需要计算和分析以下问题:

(1) 根据实测工作阻力及支架参数,计算顶梁的平均合力作用点及垂直合力;

(2) 按线性(梯形或三角形)分布公式,计算顶梁的平均阻力及其在顶梁尖端的分布;

(3) 对顶梁载荷分布特征的评价及改善建议。

5. 支架支护效果和工作状态

(1) 顶板破碎度

采煤工作面正常推进阶段和过断层时,平时与周期来压时的顶板破碎度 $F$ 是评价支架支护效果和工作状态的重要指标。

（2）顶底板移近量及移近速度的分布

顶底板移近量是衡量支护效果的重要指标。采煤工作面采用不同支架,其顶底板移近量不同。

（3）支架工作状态

支架工作状态主要是指支架在井下实际工作的状态,如增阻、恒阻、降阻。另外还包括工作阻力在循环周期内随时间的变化。

支架工作阻力与活柱下缩量的关系:

① 若支架工作阻力与活柱下缩量呈线性增长关系,则为增阻状态;

② 若支架工作阻力不增加,而下缩量增长则为恒阻状态;

③ 如果支架工作阻力下降而下缩量增长,则为降阻状态,此种为不正常工作状态,说明支架液压系统有故障。

（4）端面顶板破碎度的分析

端面顶板破碎度的影响因素:

① 顶板岩性及厚度;

② 端面距,片帮深度,顶梁上方第一接顶点至顶梁前端距离形成的机道上方空顶宽度;

③ 支架工作阻力,特别是梁端支护强度。

（5）顶底板移近量的分析

累积和单位顶底板移近量是衡量在支架支撑作用下顶板稳定程度的指标。它与下列因素有关:初撑力对顶板早期移动变形有影响;支护强度与顶底板移近量呈双曲线关系,如图 2-9 所示,当 $q_0 > 0.2$ MPa、$q_t > 0.3$ MPa 时,支架工作阻力的增大对顶底板移近量影响不明显。

6. 支架对顶底板适应性的分析

支架对顶底板适应性的分析包括:该工作面支护的技术经济

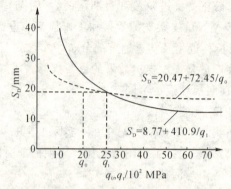

图 2-9　综采工作面顶底板移近量与支护强度的关系

效果,包括产量、效率、坑木消耗、成本、事故率;支架的稳定性和损坏情况统计与分析;不同支架顶板端面破碎度、移近量及其速度的对比;对底板适应性的分析。

考察支架对煤层底板或分层开采煤层的适应性,主要根据移架阻力的大小及移架工序能否顺利进行来确定。移架阻力可通过移架千斤顶油缸内压力的变化来判断。底板压入深度,特别是底座尖端的压入深度可判断支架对煤层底板比压的优劣。

7. 主要实测数据的回归分析

(1)同一综采工作面的观测数据可研究以下随机变量之间的定量关系:初撑力 $P_0$ 与循环时间加权平均阻力 $P_t$ 或末阻力 $P_m$ 之间的关系;循环内阻力的增量 $\Delta P$ 与增阻速度 $\Delta P/t$、初撑力 $P_0$ 的关系;循环末阻力与初撑力及循环时间的关系,顶底板移近量 $S_D$ 与活柱下缩量 $S_n$ 的关系;顶板破碎度 $F$ 与端面空顶距 $S_1$、支架阻力 $P_t$ 的关系;支架阻力 $P_t$ 与顶底板移近量 $S_D$ 的关系。

(2)对于若干工作面的实测数据,可研究以下各随机变量之间的关系:支架平均支护强度、循环末支护强度与初阻力 $P_0$、周期来压步距 $L_2$、直接顶充填能力 $h_1/m$ 及控顶距 $L_k$ 等因素的关系;

基本顶初次来压步距与周期来压步距的关系；基本顶初次来压、周期来压步距与地质因素的关系。

8. 对顶板控制的分析和建议

（1）巷道布置和开采顺序是否合理，邻近采区、上下区段、上下煤层的开采对本工作面的影响特征、范围、强度。

（2）工作面推进方向是否合理，与顶板节理方向的夹角、与煤层节理的夹角、仰斜或俯斜推进的控顶效果及技术经济指标。

（3）工作面停产事故的定量分析，各种事故因素等所占的比例及原因分析。

（4）对支架型号和参数合理性的分析。

# 复习思考题

1. 简述矿压观测的目的。
2. 简述矿压观测的内容。
3. 简述矿压观测仪器分类及原理。
4. 简述矿压观测结果分析及报告编写。

# 第三章 矿压观测工安全操作

## 第一节 煤矿井下安全生产基本知识

（1）矿长、矿技术负责人、爆破工、采掘区队长、通风区队长、工程技术人员、班长、流动电钳工下井时，必须携带便携式甲烷检测仪。瓦斯检查工必须携带便携式光学甲烷检测仪。安全监测工必须携带便携式甲烷检测报警仪或便携式光学甲烷检测仪。

（2）煤（岩）与瓦斯突出：在地应力和瓦斯的共同作用下，破碎的煤、岩和瓦斯由煤体、岩体内突然向采掘空间抛出的异常动力现象。

（3）入井人员必须戴安全帽，随身携带自救器和矿灯，严禁携带烟草和点火物品，严禁穿化纤衣服，入井前严禁喝酒。

（4）职工在作业时有权制止违章作业，拒绝违章指挥；当工作地点出现险情时，有权立即停止作业，撤到安全地点；当险情没有得到处理不能保证人身安全时，有权拒绝作业。

（5）瓦斯积聚是在巷道顶部空间、盲巷、独头巷道以及风流达不到的其他地点，出现瓦斯浓度在 2% 以上，体积在 0.5 m³ 以上的现象。容易出现瓦斯积聚的地点有工作面上隅角、采空区附近、顶板冒落空洞内和采煤机附近。

（6）爆破工在以下情况下不准装药、放炮：

① 掘进工作面的空顶距离不符合作业规程规定，没有前探支架，空顶作业时。

②　距离工作面 10 m 以内的巷道中,有崩倒、崩坏的支架且尚未修复、加固时。

③　装药前、放炮前,未检查瓦斯情况,放炮地点附近 10 m 以内风流中瓦斯浓度达到 1%时。

④　在放炮地点附近 20 m 以内,有矿车、未清除的煤、矸或其他物体阻塞巷道断面达 1/3 以上时。

⑤　炮眼内发现异状、温度骤低、炮眼出水、有显著瓦斯涌出、煤岩松动等情况时。

⑥　炮眼深度和最小抵抗线不符合规定时。

⑦　连线人未回到安全地点、警戒未设好、放炮母线长度不够时。

⑧　透老空、过断层冒顶、贯通掘进无安全措施时。

(7)　瓦斯爆炸的三要素:

①　瓦斯浓度在 5%～16%之间;

②　引火温度为 650～750 ℃;

③　有足够的氧气,空气中的含氧量在 12%以上。

(8)　安全监控设备必须定期进行调试、校正,每月至少 1 次。甲烷传感器、便携式甲烷检测报警仪等采用载体催化元件的甲烷检测设备,每 7 天必须使用校准气样和空气样调校 1 次。每 7 天必须对甲烷超限断电功能进行测试。

(9)　井下遇到灾害时,按以下方法避灾:

①　遇到瓦斯、煤尘爆炸事故时,要迅速背向空气震动的方向、脸向下卧倒,并用湿毛巾捂住口鼻,以防止吸入大量有毒气体;与此同时要迅速戴好自救器,选择顶板坚固、有水或离水较近的地方躲避。

②　遇到火灾事故时,要首先判明灾情和自己的实际处境,能灭(火)则灭,不能灭(火)则迅速撤离或躲避、开展自救或等待救援。

③ 遇到水灾事故时,要尽量避开突水水头,难以避开时,要紧抓身边的牢固物体并深吸一口气,待水头过去后开展自救或互救。

④ 遇到煤与瓦斯突出事故时,要迅速戴好隔离式自救器或进入压风自救装置或进入避难硐室。

# 第二节　矿压观测工安全操作规程

第一节　适用范围

第1条　本规程适用于在煤矿井下回采工作面、巷道、硐室等进行矿压观测的操作。

第二节　上岗条件

第2条　矿压观测工必须具有一定的采掘生产实践经验和高中以上文化水平,并经矿压观测技术培训,考试合格后方可上岗操作。

第三节　安全规定

第3条　矿压观测工要认真执行《煤矿安全规程》、《生产矿井质量标准化标准》及作业规程中有关矿压观测的规定和要求。

第4条　在设置测站测点、进行各种矿压观测时,必须要先检查好工作地点顶板、煤壁、支架等的安全状况,如有问题待处理好后再工作。

第5条　在有直流架线的巷道和有运输车辆通过的巷道进行巷道围岩变形观测时,将架线断电(有可靠绝缘保护装置时除外),设置好警戒,方可进行观测。

第6条　在使用电钻打观测基孔或打钻取屑都要严格按《电钻工操作规程》执行。

第7条　当观测地点或附近有放炮作业时,一定要听从放炮截人者的指挥,躲避到安全地点。

第四节　一般规定

第8条　熟悉矿压观测使用的各种仪器、仪表性能、构造和使用方法。能在观测现场熟练地进行设置和操作。

第9条　要根据矿压观测的目的、内容、方法和技术要求,选择观测站、观测线的位置,基点安设要牢固。

第10条　每次下井观测前要将所使用的各种仪器、仪表检查校对准确,备齐所用的工具及记录本。在去现场途中和工作过程中要注意保护仪器仪表,以免损坏或影响准确度。

第11条　要认真进行各种矿压观测。观测时采集数据要齐全,观测数据必须在井下及时记录,字迹要清晰,严格按规定的表格填写,注意校对。

第12条　当测站(线)被破坏时要及时补好,并在记录中注明。

第13条　及时分析汇总观测数据,处理观测数据要符合客观实际,消除人为误差。

第14条　连续观测时,要严格执行井下交接班制度,要及时向观测负责人汇报发现的问题,如仪器工作不正常,顶底板情况异常等,以便及时处理与解决。

第五节　回采工作面矿压观测

第15条　设置回采工作面顶底板移近量观测站、观测线、观测基点的要求:

(1)沿工作面上、中、下位置分别各设一测站。每个测站内沿走向设1~2条测线,并与支架载荷线相对应。上、下测站与护巷煤柱距离不小于15 m。

(2)布置顶底板基点可用电钻打孔,深入稳固围岩层200~300 mm,孔内楔入木桩或木锚杆,外露顶端钉入铁钉,每一对顶底板基点连线应与顶底板相垂直。

当顶板坚硬或大采高时可用速凝水泥在顶板上凝注或用红油漆划标记作顶基点(但底板基点设置仍同上)。登高观测时严禁踩溜槽帮作业。

第 16 条　若发现观测基点破坏、失落或被支架遮盖时,必须及时补设。

第 17 条　测定割煤、放顶等工序对顶底板移近量的影响,需在顶底板间使用测杆或动态仪时,要与邻近工作人员取得联系,以保证安全作业。

第 18 条　采用测杆、顶板动态仪观测顶底板移近量时仪器的安装、使用及回撤时应注意以下事项:

(1) 根据采高,先将选配好接长杆的测杆或动态仪底部尖端对准底板基点,然后手捏活杆压缩弹簧,对准位置后竖直并缓慢松开活杆,将仪器安装在顶、底板基点之间。

(2) 若采高较大,应用铁丝将仪器绑固在两棵支柱之间,以防碰倒摔坏。

(3) 拆卸仪器时,应手握活杆下压,取下测杆或动态仪后缓慢松开活杆。切勿突然松手,以防弹力将指针、齿轮、齿条损坏。

(4) 仪器本身具有一定的防锈能力,但井下淋水往往具有一定的腐蚀性,故使用一段时间后,视其情况拿到地面用机油清洗,并涂适量黄油进行保养,确保各部件运转灵活,以延长使用寿命。

第 19 条　顶底板移近量的观测与记录。

仪器安设好后,首先读取初读数,以后要定时观测。综采工作面在移架前、后必须各观测一次。从测杆或顶板动态仪安设时起,观测到测点靠近采空区报废为止,每次观测的读数都要记录在表中。使用掩护式液压支架的工作面,最好将测线两边支架的侧护板收回,以保护基点免遭破坏。遇到特殊情况不能连续观测时,只能观测顶底板循环移近量,一般在移架后、下一循环移架前和再移架后各观测一次。

单体支柱工作面测点的间距与支柱的排距相对应,观测顶底板移近量时,要同时观测和记录活柱下缩量、支柱插入底板量和支柱载荷,测量结果一并记入表中。

　　读数时要注意前后两次读数是否正常。若出现异常,要查明原因,重新测读,或用邻近测点的读数校正。井下交班时,要将本班最后一次的读数留给下一班,以便观测时核对。

　　第 20 条　观测高档普采工作面单体液压支柱的载荷,一般应用测力计进行。检测支柱初撑力时,应先检查好支柱支设情况是否稳固,有无漏液等,只有支柱完好,处在有效支护状态下,方可进行测定。

　　第 21 条　使用支柱测力计对单体液压支柱进行载荷检测时,测力计一端插入单体液压支柱三用阀筒内,应把测力计锁紧套套紧阀筒后再旋转手把,打开三用阀之单向阀,高压液通向测力计后读取测数。读取阻力测数后,测力计另一端锁紧套适度旋出,使压力表卸载,要注意旋出不要过大,以防锁紧套在高压液作用下,崩出伤人。观测遇到支柱工作阻力过大时要预防被测力计弹伤。

　　第 22 条　使用压力自记仪监测综采液压支架工作阻力,在安装前必须检查支架的液压系统必须处于完好状态,安装时要与支架工协同操作,严防支架立柱串液引起降柱发生顶板事故。

　　第 23 条　支架(柱)活柱下缩量的观测,应在架设好的支架活柱上端与油缸垂直对应部位作标记,使用专用量具或钢卷尺量测活柱下缩量。

　　第 24 条　进行顶板动态监测时,可将工作面分为若干个观测断面。普采面以垂直煤壁的两列支架间的顶板条带为一个剖面。观测剖面不许随意改动。

　　第 25 条　在每个剖面要认真进行端面顶板破碎冒落情况、端面空顶距、煤壁片帮深度、顶板台阶下沉及落差情况、顶板冒落高度和采空区悬顶长度等观测。

　　第 26 条　在工作面机道观测时要与支架工联系好,做好“敲帮问顶”,并将输送机锁住。观测高度超过 2 m 时,要搭好牢固脚手。

第 27 条　观测顶板破碎冒落高度情况、采空区悬顶长度时，严禁将身体置于无支护区或进入采空区作业,可用测距仪等工具量测。

第 28 条　在初次放顶期间,要加强顶板动态监测,尤其当采空区悬顶面积较大时,如发现阻力增大、安全阀开启、支柱漏液、顶板下沉增大等矿压显现时,除要详细观测外,并要立即向现场班队长和矿有关职能部门汇报,以便及时采取措施。

第 29 条　观测回采工作面底板比压时,一般沿工作面倾向每隔 20～30 m 设一测区。在每一测区里,按规定在至煤壁的某一距离上选 1～3 个测点进行观测。测点应选在顶、底板正常、平整、暴露时间较短的地点。测点数不少于 6～9 个,以确保数据具代表性和较高的精度。

第 30 条　使用静压式底板比压仪观测,要根据底板岩性选用适当的压模。安装压模时要将测点处顶底板浮煤(矸)清理干净,放置仪器要垂直于顶底板。以一定压力增量加压,同时记录泵压与压模压入底板深度数据,直至压力不再增加甚至出现下降为止。打开卸压阀,收回比压仪活柱。

第六节　巷道围岩与巷道支架的观测

第 31 条　巷道围岩、支架变形与载荷测站应布置在工作面前方不受采动影响区内,一般应距工作面 60～100 m 以远。各测站间距以不小于 20～30 m 为宜。每个测站要求设置 2～3 个观测断面,其间距可取相邻棚距或 1～2 m。

第 32 条　在观测断面内可采用"十字布点法"、"双十字布点法"、"网格布点法"和"扇形布点"等方法,在巷道顶、底板和两帮煤岩体中设置基点。

基点安设要求:观测点应避免设在顶、底板或两帮有破坏的地方,要求该处顶板稳定、支架完好、两帮整齐、底板平坦、便于观测;

测点应安设牢固,以便保护测点进行长期观测。

测点安设方法:先在顶板上打一个深为 100～200 mm 钻孔,在孔中打入木桩,木桩上钉入作为测量基准点的基钉。在顶、底板垂线方向以同样的方法在底板设基点。如果顶板岩层比较坚硬完整,也可用彩色油漆标明观测基点。在测量过程中,要注意保护基点,避免移动或损坏。

第 33 条 根据巷道变形大小,要认真按规定的观测周期进行观测,尤其对处在动压变化较大的巷道,要加强观测。

第 34 条 巷道支架载荷观测站与巷道围岩位移变形观测站设在一起,以便对同一测站的巷道围岩变形量和巷道支架载荷值进行相关分析、比较。

第 35 条 测定巷道支架垂直载荷时,可根据巷道底板岩石坚硬与松软情况,敲帮问顶后,再安设测力计。测力计应分别设在支架梁上或柱脚底下,要与围岩接实,但必须保证不能使测力计承受偏心载荷。

第 36 条 测定巷道支架水平载荷时(侧压),测力计应设在支架柱腿外侧,要把测力计与柱腿固定牢靠,在煤(岩)帮一侧与测力计间垫实平整的硬物,使其全部接触测力计。

第 37 条 巷道支架变形观测站应同巷道围岩位移观测站设在一起,对可缩性金属支架还可在梁腿搭接处设置测点观测支架的下缩量。观测可缩性拱形金属支架的变形可采用双底基点扇形布点的方法,观测数据用计算机解算出各点坐标后再绘出支架的实时图形。

第七节 煤巷锚杆支护监测

第 38 条 煤巷使用锚杆支护必须按《煤巷锚杆支护技术规范》进行综合监测和日常监测。

第 39 条 综合监测方案包括:

(1)顶板变形量、变形范围、弱化高度以及变形随时间的变化规律；

（2）两帮变形量、变形范围、弱化高度以及变形随时间的变化规律；

（3）锚杆/锚索承载工况；

（4）二次加固支护的承载工况。

第40条　顶板变形范围及弱化高度可采用顶板多点位移计观测，应安设在巷宽的中部，观测范围要求测至顶板向上至少7 m处。孔内测点数量不少于8个。或采用双孔，两孔内基点交错布置，但每孔内测点数量不少于4个。

第41条　可采用锚杆测力计时或专用的测力锚杆观测锚杆的承载工况，每个测量断面布置的锚杆观测数目不少于4根。

安装测力计时，要检查好顶板、搭好稳固的脚手，两人以上配合工作，安在锚杆杆尾外露端，上紧杆尾螺丝和打紧卡箍，使测力计完全与顶板平整地接触。

第42条　综合监测方案要对监测频度提出明确规定。距掘进工作面100 m范围以内一般每天不少于一次，100 m以外每周不少于一次。

第43条　综合监测仪器必须紧跟掘进工作面进行安设。除非监测方案另有规定，仪器应安设在巷宽的中部和巷帮的中部。

第44条　日常监测的内容主要包括顶板变形，采用顶板离层指示仪进行。顶板离层指示仪应按规定间隔紧跟掘进工作面安装，以便监测顶板变形的全过程。

第45条　作为指导性原则，巷道顶板离层指示仪的最大设置间距为：

（1）实体煤巷：Ⅲ类及Ⅲ类以上巷道50 m；Ⅳ类巷道40 m。

（2）沿空留巷：Ⅲ类及Ⅲ类以上巷道40 m；Ⅳ类巷道30 m。

（3）巷宽大于5 m的巷道，综放工作面切眼安装间距为20 m。

第 46 条　综放沿空巷道和应力集中巷道优先选用具有声光报警的顶板离层自动监测系统;巷道交叉点、断层及围岩破碎带、应力集中区等特殊地点优先选用声光报警离层指示仪。

第 47 条　顶板离层指示仪应安设在巷宽的中部,巷道交叉点处的离层指示仪应安装在交叉点中心。安装前要先将仪器检查好,钢丝两端连接是否牢固,内、外筒是否正确安装。使用锚索或接杆钎子安装,安装完毕后清理好现场。

第 48 条　顶板离层指示仪下部测点应与锚杆上端处在同一高度,上部测点应设置在锚杆上方稳定岩层内 300~500 mm。无稳定岩层时,一般不低于巷道跨度的 1.5 倍。

第 49 条　观测频度:距掘进工作面 100 m 以内的测点,每班观测一次,100 m 以外每周不少于一次。

第 50 条　使用锚杆拉力计测定锚杆锚固力,安装拉力计时一定要按拉力计的安装规范说明进行正确安装,必须安装牢固;拉锚杆时其下方不得有人停留,操作油泵人员应躲开正在拉拔观测的锚杆射程以外,并与拉拔锚杆人员相互配合好。

第 51 条　拉拔锚杆时,拉力计载荷加到锚杆设计锚固力 90％时,锚杆尾端不出现"缩颈"者即为合格。如出现"缩颈",要立即卸载。

第 52 条　拉力计加载时要均匀,以免出现冲击载荷,影响拉拔观测的准确性。

第八节　钻屑监测

第 53 条　钻屑法是通过在煤层中打直径 42~50 mm 的钻孔,根据排出的煤粉量及其变化规律和有无动力效应,鉴别冲击危险的一种方法。打钻时要认真执行防治冲击地压综合措施对钻屑的规定要求。

第 54 条　打钻屑孔前要检查好电钻开关是否灵敏,钻杆是否弯曲,接头是否可靠,如有问题禁止使用。

第 55 条  钻孔时,可采用专用钻架和钻杆导向装置,保证钻孔直径和方向,钻进时不得进行退钻和扩孔操作。钻孔应尽量布置在采高中部,平行于煤层方向,避免钻入煤层的顶底板。

第 56 条  最大的检测深度,一般为 3.5 倍采高左右,在此范围内如果已确定有冲击危险,即煤粉量明显异常,可停止探测。

第 57 条  打钻孔过程中要均匀用力,时刻注意孔内变化,如有卡死钻杆、钻杆有冲击感或吸钻时,应做详细记录,向主管部门汇报并采取措施。

第 58 条  打钻取屑时,要按取钻屑的规定准确收集和称量钻屑,以便能准确判别冲击危险程度。

# 复习思考题

1. 牢记井下安全生产知识。
2. 熟悉《矿压观测工安全操作规程》。

# 第四章 矿压观测案例

## 案例 1

### 朝阳煤矿矿压观测与分析

1. 观测目的

采煤工作面矿山压力观测就是定量研究开采工程中矿压显现规律。为现场管理提供完善准确的资料,指导工程实践,解决工程问题,本次观测有以下三个方面的目的:

① 掌握采煤工作面上覆岩层运动规律;回采空间围岩与支架相互作用关系;采动引起的支承压力分布;寻求搞好工作面顶板管理的有效措施。

② 对正在使用的支架适应性进行考察。即从顶板控制角度出发,对在既定条件下使用支架的架型、参数、特性和支护效果提出评定性意见。

③ 根据围岩条件及支承压力分布来确定工作面巷道断面形状、规格及支架参数,煤壁前方巷道超前维护距离。

2. 观测工作面自然状况

Ⅱ-3$^{上}$ 工作面为改扩建后的首采工作面,其煤层赋存特征,顶底板特征见综合柱状图 4-1。煤层倾角一般为 1°~2°左右,无断层及地质构造,水文条件简单。该工作面为机采工作面,选用 ZH2200/10/30/$\phi$125×4+$\phi$100×1 型液压支架支护顶板,该支架的额定工作阻力为 2 200 kN/架,初撑力为 1 320 kN/架;支架长度为 2.83 m,宽度为 755 mm。工作面最大控顶距为 3 800 mm,最小控顶距为 3 000 mm。工作面采用自然垮落法管理顶板。运、回顺槽超前支护均采用 DZ25-25/100S 单体液压支柱配 π 型钢梁加强支护。

| 柱状图 | 煤层编号 | 层厚/m | 累深/m | 岩层名称 | 岩性描述 |
|---|---|---|---|---|---|
| 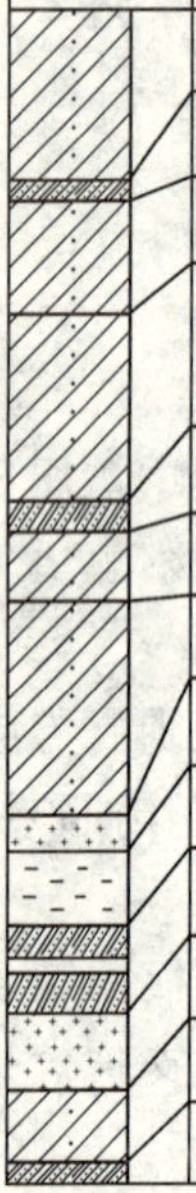 | | 4.51 | 49.86 | 细砂岩 | 褐灰色，钙质胶结 |
| | Ⅱ-1 | 0.19 | 50.05 | 煤 | 半光亮，碎块状，无夹矸 |
| | | 2.86 | 52.91 | 细砂石 | 灰色，钙质胶结 |
| | | 2.25 | 55.16 | 砂岩 | 灰白色，砂质胶结，成岩差，岩石松散 |
| | Ⅱ-2 | 0.39 | 55.55 | 煤 | 半光亮 |
| | | 2.02 | 57.57 | 细砂石 | 浅灰色，钙质胶结 |
| | | 6.26 | 63.83 | 砂岩 | 浅灰色，砂质胶结，成岩差 |
| | | 0.61 | 64.44 | 碳质泥岩 | 灰黑色，泥质胶结 |
| | | 1.30 | 65.74 | 粉砂质泥岩 | 灰色，泥质胶结 |
| | Ⅱ-3 | 6.91 | 72.65 | 煤 | 半光亮，呈碎块状结构 |
| | | 1.45 | 74.10 | 碳质泥岩 | 含碳较高，泥质胶结 |
| | | 1.54 | 75.64 | 砂岩 | 灰褐色，钙质胶结 |
| | | 0.23 | 75.87 | 煤 | 半光亮，碎块状 |

图 4-1 煤层综合柱状图

3. 主要观测内容

根据朝阳煤矿 Ⅱ-3$^{上}$ 工作面的具体情况,并考虑到观测可行性和针对性,决定本次矿压观测的主要内容如下:

① 工作面支架支护载荷的观测。通过支架支护载荷的观测可以确定顶板压力的大小及其动压系数、周期来压步距。

② 工作面超前支承压力影响范围的观测。

基于观测结果,通过分析,对工作面有关矿压显现规律进行研究。

4. 矿压观测手段及其测点布置

(1) 工作面支架载荷的观测

工作面支架支护载荷的观测是采煤工作面矿压观测的重要部分,其观测结果是确定顶板来压特征的重要依据,包括基本顶周期来压特征及来压强度,其目的在于掌握所观测工作面的围岩运动规律,为顶板分类、支架选型、确定顶板控制措施提供可靠依据。另外支架载荷的观测结果也是对支架支护参数合理性进行分析的重要依据。

支架载荷的测定使用 YPZ-60 型圆图压力自记仪进行观测。在整个工作面上设置 3 条观测线,分别位于工作面的两端和中部。两端测线布置在距离上下两巷 15 m 处。测线布置见示意图 4-2 所示。

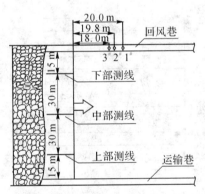

图 4-2　工作面测线(点)布置图

(2) 工作面超前支承压力的观测

工作面前方煤壁中应力的大小及其变化反映超前支承压力的影响范围和影响强度,工作面前方煤体内未受采动影响的某一点,随着工作面的推进,其应力的大小将发生变化,所以通过该点的应力变化就能捕捉超前支承压力的影响范围和应力集中峰值点,即以定点的应力变化间接地观测超前支承压力的影响范围和影响程度。

本次观测,利用单体支柱工作阻力检测仪对回风顺槽中的单体支柱进行了压力观测,从而确定超前支承压力的影响范围和峰值点。仪器安装位置如图 4-2 所示。具体观测时,应循环观测支柱受力变化,并动态记录测点到工作面的距离,以便准确分析、确定超前支承压力影响范围和峰值点。

5. 矿压观测结果及分析

(1)支架载荷观测结果与分析

经过为期 20 天三个循环的现场观测,获取了 Ⅱ-3$^{\perp}$ 工作面观测断面(15$^{\#}$、32$^{\#}$、50$^{\#}$支架)的实际支护阻力值,各观测断面支护阻力变化曲线见图 4-3。

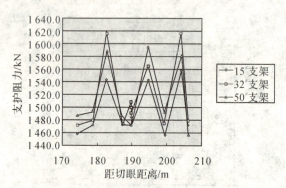

图 4-3 各支架支护阻力变化曲线

① 工作面支架支护阻力测定结果

支护阻力最大值均值为:$P_{cp}=1\,527.4$ kN/架;

支护阻力均值为:$P_{cp'}=1\,507.1$ kN/架;

支护阻力最大值为:$P_{max}=1\,619.1$ kN/架。

支护阻力均值最大值：$P_{max'} = 1\,587.2$ kN/架；

②　平均支护强度

以最大控顶距按平均支护阻力计算的支护强度为 707.6 kN/m²。

③　周期来压步距和来压强度的确定

为了确定来压步距 $L$，工作面支架支护阻力平均值 $P_{cp'}$ 为纵坐标，以距切眼距离为横坐标绘制平均支护阻力变化曲线，见图 4-4。

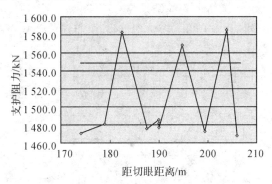

图 4-4　支架平均支护阻力变化曲线

在支护阻力平均值 $P_{cp'}$ 加其一倍均方差 $\sigma_p$ 为基本顶来压的判据，即：

$$\overline{P}_{cp} = P_{cp'} + \sigma_p = 1\,507.1 + 47.6 = 1\,554.7 \text{ kN/架}$$

图中曲线中大于 $\overline{P}_{cp}$ 的峰值可认为是基本顶来压显现，两个峰值之间工作面推进的距离即为基本顶来压步距。因此基本顶周期来压步距确定如下：

从图中可以看出第一次基本顶周期来压步距为 8.6 m，第二次基本顶周期来压步距为 7.2 m，第三次基本顶周期来压步距为 10.7 m。由于临近铲采区，顶板大面积冒落造成观测数值有误差，实际基本顶来压步距应比实测值稍大一些。

周期来压强度，即动压系数 $n$ 的确定：习惯上常以动压系数 $n$

作为衡量基本顶周期来压强度指标,动压系数可表示为:

$$n=\frac{p_c}{p_n}$$

式中  $p_c$——基本顶来压时支护阻力平均值;

  $p_n$——非基本顶来压时支护阻力平均值。

由该观测结果知:$p_c$=(1 587.2+1 587.2+1 584.7)/2=1 586.4kN/架,$p_n$=1 505.0 kN/架,故动压系数为 $n$=1.05。

(2)超前支承压力观测结果与分析

本次超前影响距离的观测,使用工作面前方回风顺槽中单体支柱受力变化来间接的测定超前影响范围和峰值点。其应力变化曲线如图 4-5 所示,由超前支承压力观测图 4-5 可以得出超前支承压力的影响范围在工作面前方 14~15 m,峰值点位置为距工作面前方煤壁 3~7 m 处。

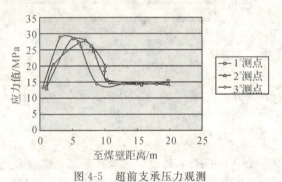

图 4-5  超前支承压力观测

6. 工作面矿压观测结论

通过此次现场矿压观测,经数据分析和整理,获得结论如下:

① 工作面支架支护阻力均值为 1 507.1 kN/架;最大值均值为 1 587.2 kN/架;支护阻力最大值为 1 619.1 kN/架;动压系数为 1.052;支架平均支护强度为 706.6 kN/m²。

② 工作面基本顶初次来压步距为 21 m 左右(现场调研数

据);周期来压步距为 7.2～9.3 m,并且基本顶周期来压强度低,来压不明显。

③ 工作面超前支承压力的影响范围为 14～15 m。峰值点位置为工作面煤壁前方 3～7 m 左右处,峰值介于 25～29 MPa之间。

④ 来压前支架实测平均工作阻力占额定工作阻力 67.2%,来压时最大工作阻力占额定工作阻力 72.1%。

由此说明,本工作面使用的 ZH2200/10/30/$\phi$125×4+$\phi$100×1组合顶梁组合悬移机采液压支架工作状态比较理想且工作阻力富余量较大,完全能够满足顶板来压时控制顶板的要求。

# 案例 2

## 风水沟煤矿综采工作面矿压观测

1. 地质条件

2 煤为风水沟现主采煤层,煤层厚度 1.5～4.12 m,倾角 4°～6°,埋深约 350 m,顶板为泥质砂岩、砂岩,底板为中砂岩(如图 4-6所示),本区地质构造简单,开采范围内无大断层。

2. 观测内容

综采工作面的主要支护设备是液压支架,液压支架是支护顶板的一个基本单元。顶板岩体运动形成的压力可通过液压支架的多种变化反映出来,工作面的支护质量也是通过液压支架的工作质量和活动状况反映出来。液压支架是综采工作面矿压显现与观测计量的基本单元,因此把液压支架在随煤体开采的压力变化作为本次压力观测的主要内容。

3. 工作面测站布置

综采工作面矿压观测选择在 2 煤东五片综采工作面,具体布置如下:

| 岩石名称 | 柱状 | 厚度/m | 视密度/(kg/m³) | 岩石强度/MPa | | 备注 |
|---|---|---|---|---|---|---|
| | | | | 抗拉 | 抗压 | |
| 泥质砂岩 | | 25.0 | 2203 | 0.61 | 12.6 | |
| 砂岩 | | 10.0 | 2192 | 0.55 | 11.5 | |
| 2#煤层 | | 3.0 | 1282 | 0.73 | 9.5 | |
| 中砂岩 | | 21.0 | 1862 | 0.03 | 0.1 | |
| 3-2煤 | | 5.6 | 1263 | 0.89 | 20.7 | ①地面标高为635 m,②6#煤层底板等高线为+225 m |
| 泥岩 | | 5.0 | 2184 | 0.29 | 7.5 | |
| 中砂岩 | | 20.0 | 2190 | 0.55 | 11.5 | |
| 4-2煤 | | 4.7 | 1282 | 0.73 | 9.5 | |
| 泥岩 | | 2.5 | 2191 | 0.34 | 7.6 | |
| 中砂岩 | | 68.0 | 2190 | 0.55 | 11.5 | |
| 5-1煤 | | 14.5 | 1282 | 0.73 | 9.5 | |
| 泥岩 | | 10.5 | 2191 | 0.34 | 7.6 | |
| 5-2煤 | | 1.9 | 1310 | 1.40 | 11.32 | |
| 泥岩 | | 5.4 | 2203 | 0.61 | 12.6 | |
| 中砂岩 | | 74.6 | 1920 | 0.02 | 0.6 | |
| 6#煤层 | | 25.0 | 1252 | 0.79 | 14.5 | |
| 泥层 | | 15.0 | 2132 | 1.31 | 12.9 | |

图 4-6 风水沟煤矿煤层柱状图

① 在综采工作面上、中、下位置各布置 2 个支架载荷测点,即工作面下方测点布置在 11# 和 13# 支架上,工作面中部测点布置在 48# 和 49# 支架上,工作面上方测点布置在 89# 和 90# 支架上,测点布置如图 4-7 所示。由于该综采工作面液压支架为老式液压支架,所以采用 ZYQ-I 型压力指示器(图 4-8)。各测点测出工作面推进过程中支架载荷和顶板岩层的变化情况,即工作面支架最大支护强度和最小支护强度,工作面初次来压步距和周期来压步距。

② 在综采工作面运输巷煤壁中布置工作面前方应力变化检测

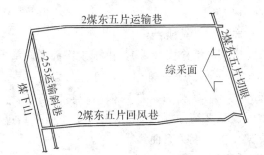

图 4-7　工作面测点布置示意图

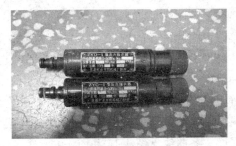

图 4-8　ZYQ-I 型压力指示器

点,检测仪器采用 ZYJ-20 型钻孔应力计(图 4-9)。测出工作面推进过程中,工作面前方煤壁中应力变化大小和应力影响范围。

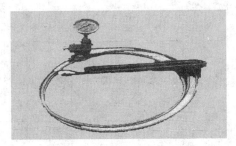

图 4-9　ZYJ-20 型钻孔应力计

4. 工作面矿压观测

(1)工作面支架载荷观测

2煤东五片综采工作面开采时,由于工作面与顺槽有倾角,首先割工作面上方(回风巷)三角煤。在割三角煤过程中,工作面上方推进 18 m 时,工作面上方煤层顶板出现初次垮落,为此在绘制工作面进尺与支架载荷曲线时,采用的是工作面平均进尺和采空区面积与支架支护强度关系曲线。

① 工作面下方 11# 和 13# 支架支护强度在工作面推进过程中的变化情况见表 4-1 和表 4-2。工作面平均进尺或采空区面积与支架支护强度关系曲线见图 4-10 和图 4-11;

② 工作面上中部 48# 和 49# 支架支护强度在工作面推进过程中的变化情况见表 4-3 和表 4-4。工作面平均进尺或采空区面积与支架支护强度关系曲线见图 4-12 和图 4-13;

③ 工作面上方 89# 和 90# 支架支护强度在工作面推进过程中的变化情况见表 4-5 和表 4-6。工作面平均进尺或采空区面积与支架支护强度关系曲线见图 4-14 和图 4-15。

表 4-1  11#支架支护强度在工作面推进过程中变化情况

| 工作面平均进尺/m | 26.6 | 37.2 | 39.8 | 41.8 | 44.0 | 47.3 | 50.9 | 51.9 | 57.4 | 60.5 | 63.9 | 65.7 | 68.3 | 70.8 | 74.1 |
|---|---|---|---|---|---|---|---|---|---|---|---|---|---|---|---|
| 11#支架支护强度/MPa | 17.5 | 15.0 | 17.5 | 50.0 | 50.0 | 30.0 | 25.0 | 55.0 | 56.0 | 20.0 | 35.0 | 25.0 | 55.0 | 55.0 | 15.0 |
| 采空区面积/m² | 4115 | 5766 | 6161 | 6479 | 6820 | 7332 | 7882 | 8038 | 8889 | 9370 | 9905 | 10184 | 10579 | 10974 | 11478 |

**表 4-2　13# 支架支护强度在工作面推进过程中变化情况**

| 工作面平均进尺/m | 26.6 | 37.2 | 39.8 | 41.8 | 44.0 | 47.3 | 50.9 | 51.9 | 54.3 | 55.2 | 57.4 | 59.2 | 65.7 | 67.7 | 68.3 | 70.8 | 74.1 |
|---|---|---|---|---|---|---|---|---|---|---|---|---|---|---|---|---|---|
| 13# 支架支护强度/MPa | 15.0 | 27.5 | 30.0 | 45.0 | 45.0 | 22.5 | 22.5 | 35.0 | 20.0 | 22.5 | 45.0 | 20.0 | 15.0 | 25.0 | 55.0 | 55.0 | 20.0 |
| 采空区面积/m² | 4115 | 5766 | 6161 | 6479 | 6820 | 7332 | 7882 | 8038 | 8417 | 8556 | 8889 | 9176 | 10184 | 10494 | 10579 | 10974 | 11478 |

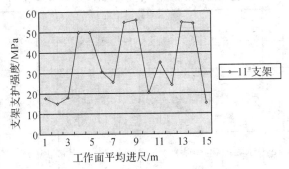

图 4-10　11# 支架支护强度与工作面平均进尺关系曲线

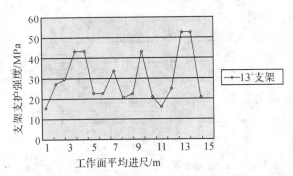

图 4-11　13# 支架支护强度与工作面平均进尺关系曲线

**表 4-3　48# 支架支护强度在工作面推进过程中变化情况**

| 工作面平均进尺/m | 26.6 | 37.2 | 39.8 | 41.8 | 44.0 | 47.3 | 50.9 | 51.9 | 54.3 | 57.4 | 59.0 | 59.2 | 60.5 | 65.7 | 67.7 | 70.8 | 74.1 |
|---|---|---|---|---|---|---|---|---|---|---|---|---|---|---|---|---|---|
| 48# 支架支护强度/MPa | 15.0 | 25.0 | 25.0 | 37.5 | 40.0 | 20.0 | 20.0 | 35.0 | 40.0 | 15.0 | 30.0 | 20.0 | 15.0 | 20.0 | 35.0 | 52.5 | 25.0 |
| 采空区面积/m² | 4115 | 5766 | 6161 | 6479 | 6820 | 7332 | 7882 | 8038 | 8417 | 8889 | 9145 | 9176 | 9370 | 18 104 | 10494 | 10974 | 11478 |

**表 4-4　49# 支架支护强度在工作面推进过程中变化情况**

| 工作面平均进尺/m | 26.6 | 37.2 | 39.8 | 41.8 | 44.0 | 47.3 | 51.9 | 54.3 | 57.4 | 59.2 | 60.5 | 65.7 | 67.7 | 68.3 | 70.8 | 74.1 |
|---|---|---|---|---|---|---|---|---|---|---|---|---|---|---|---|---|
| 49# 支架支护强度/MPa | 22.5 | 22.5 | 30.0 | 50.0 | 45.0 | 25.0 | 45.0 | 53.5 | 47.5 | 25.0 | 25.0 | 35.0 | 30.0 | 52.5 | 52.5 | 25.0 |
| 采空区面积/m² | 4115 | 5766 | 6161 | 6479 | 6820 | 7332 | 8038 | 8417 | 8889 | 9176 | 9370 | 10184 | 10494 | 10579 | 10974 | 11478 |

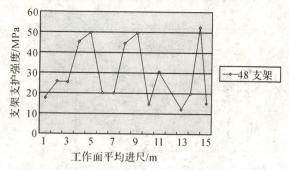

图 4-12　48# 支架支护强度与工作面平均进尺关系曲线

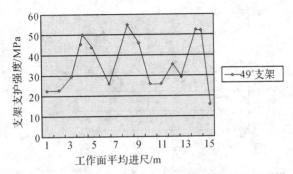

图 4-13 49# 支架支护强度与工作面平均进尺关系曲线

**表 4-5 89# 支架支护强度在工作面推进过程中变化情况**

| 工作面平均进尺/m | 26.6 | 37.2 | 39.8 | 44.0 | 47.3 | 50.9 | 51.9 | 57.4 | 59.0 | 60.5 | 63.9 | 65.7 | 67.7 | 68.3 | 70.8 | 74.1 |
|---|---|---|---|---|---|---|---|---|---|---|---|---|---|---|---|---|
| 89# 支架支护强度/MPa | 12.5 | 12.5 | 25.0 | 42.5 | 15.0 | 30.0 | 42.5 | 42.5 | 15.0 | 25.0 | 30.5 | 15.0 | 30.0 | 50.0 | 50.0 | 15.0 |
| 采空区面积/m² | 4115 | 5766 | 6161 | 6820 | 7332 | 7882 | 8038 | 8889 | 9415 | 9370 | 9905 | 10184 | 10494 | 10579 | 10974 | 11478 |

**表 4-6 90# 支架支护强度在工作面推进过程中变化情况**

| 工作面平均进尺/m | 26.6 | 37.2 | 39.8 | 44.0 | 47.3 | 50.9 | 51.9 | 54.3 | 57.4 | 59.0 | 60.5 | 61.9 | 65.7 | 67.7 | 68.3 | 70.8 | 74.1 |
|---|---|---|---|---|---|---|---|---|---|---|---|---|---|---|---|---|---|
| 90# 支架支护强度/MPa | 15.0 | 11.5 | 20.0 | 47.5 | 20.0 | 30.0 | 45.0 | 45.0 | 50.0 | 15.0 | 30.0 | 20.0 | 20.0 | 35.5 | 50.0 | 47.0 | 20.0 |
| 采空区面积/m² | 4115 | 5766 | 6161 | 6820 | 7332 | 7882 | 8038 | 8417 | 8889 | 9145 | 9370 | 9587 | 10184 | 10494 | 10579 | 10974 | 11478 |

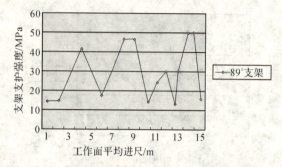

图 4-14 89#支架支护强度与工作面平均进尺关系曲线

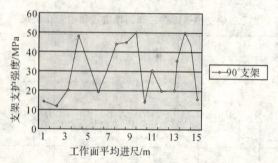

图 4-15 90#支架支护强度与工作面平均进尺关系曲线

（2）工作面前方煤壁应力观测

工作面前方煤壁应力观测数据见表 4-7，分析曲线见图 4-16。

表 4-7　　　　　　工作面前方煤壁应力观测数据

| 工作面煤壁至测点距离/m | 0 | 3 | 4.8 | 6.9 | 9.3 | 13.6 | 16.5 |
|---|---|---|---|---|---|---|---|
| 钻孔应力计测点值/MPa | 0 | 4.5 | 4.0 | 3.9 | 3.0 | 2.0 | 2.0 |

5. 综采工作面矿压观测结论

① 工作面支架支护强度：由工作面支架载荷观测数据和曲线分析可知，支架工作阻力在 15～25 MPa 之间的占总体 40%；在

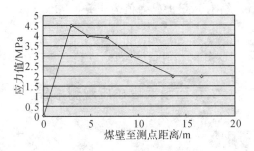

图 4-16　工作面前方煤壁应力分析曲线

25～35 MPa 之间的占总体 23.5%；在 45～55 MPa 之间的占总体 28.2%，平均工作阻力为 32.1 MPa，是额定工作阻力的 49.6%（额定工作阻力为 64.5 MPa），最大支护强度为 55 MPa，最小支护强度为 11.5 MPa。

②　来压特征：a. 煤层顶板初次来压。由于工作面开采的特殊性（割三角煤），割三角煤过程中，工作面上方煤层顶板初次垮落，然后工作面中部下部顺序垮落，平均垮落步距 18 m。b. 基本顶初次来压。工作面继续推进，顶板活动又趋于激烈，有明显顶板断裂响声，支架压力明显增大，安全阀部分开启，顶板冒落度加大，这说明基本顶开始断裂，根据工作面支架载荷观测数据和曲线分析可知，工作面（全长）基本顶板大面积来压步距为 26 m，基本顶断裂位置在煤壁前方约 3～6 m。c. 周期来压步距。基本顶初次来压后，顶板活动又趋于稳定，然而随着工作面的推进，支架压力开始变化，并出现峰值，来压显现与初次来压基本相同，由工作面支架载荷观测数据和曲线分析可知，共获得初次来压和 2 个周期来压。初次来压步距为 26 m，周期来压步距为 13～15 m。

③　工作面前方应力增高区范围：由工作面前方煤壁应力分析曲线可知，在工作面前方呈现明显的压力降低区、压力升高区、原岩应力区，从中可以看出工作面的压力升高区是在工作面前方

1.4～13.6 m 范围内,最大应力值为 4.5 MPa。

# 案例 3

## 工作面限采段矿压观测报告

1. 观测目的、内容及方法

(1) 观测目的

① 掌握采煤工作面上覆岩层运动规律,围岩和支架的相互作用关系,并进行顶板来压的预测预报。

② 对采煤工作面所使用的支护设备可靠性和适应性进行评定,以便改进和更新。

③ 确定采动影响范围及支撑压力分布变化规律。

(2) 观测内容

支架载荷、顶底板移近量、来压步距及强度、顶板破碎度及煤壁前方压力峰值点位置和来压时瓦斯涌出规律。

(3) 观测方法

利用 KJ216 矿压在线监测系统结合现场观测记录的方法进行观测,因为 KJ216 系统具有数据记忆和自动绘制历史曲线功能,并能实时反映工作面支架的载荷,使矿压观测实现了实时监测和自动化。

2. 工作面限采段与以往工作面相比所具有的特性

(1) 工作面长度较大,面长 180 m,比以往工作面长 64 m,工作面上覆岩层垮落比以往工作面充分,影响范围较大。

(2) 在 560 m 限采段内 60 m 段工作面 62# ～122# 架限采 3.0 m,在 40 m 段内工作面 62# ～122# 架不限采,给此段内工作面的矿压显现带来了特殊性和复杂性。

3. 观测结果分析

(1) 顶煤初次垮落

① 顶煤初次垮落步距

工作面于 2008 年 11 月 13 日顶煤垮落,垮落高度和范围达到了直接顶初次垮落的标志,即判断为顶煤初次垮落,步距为 24.5 m(含切眼宽度 7.5 m)。直接顶(顶煤)初次垮落步距的大小由岩层(煤层)的强度、厚度和节理裂隙的发育程度所决定,因顶煤上方直接顶多为厚度较薄的随采随落的砂质泥岩,所以工作面不同顶煤的厚度和节理裂隙的发育程度不同决定了顶煤初次垮落步距的不同。

工作面与以往工作面顶煤初次垮落步距对比如表 4-8 所示:

表 4-8　　　　　工作面顶煤初次垮落步距对比表

| 工作面名称 | A | B | C | D | E |
|---|---|---|---|---|---|
| 初次垮落步距/m | 34 | 35 | 16.7 | 24 | 24.5 |
| 煤层厚度/m | 10 | 10 | 4 | 7 | 9 |

由对比表可以看出,在煤层条件相同的条件下,初次垮落步距基本与回采厚度(限采厚度)成正比。即综放工作面煤层厚度较大的,初次垮落步距也较大。

② 直接顶类别及对生产的影响

因工作面顶煤初次垮落步距为 24.5 m,按照直接顶分类指标,属 3 类稳定顶板。此类顶板易造成工作面支架拉移后顶煤不易垮落,并且放煤效果差,如果工作面持续不放顶煤,则极易形成悬臂梁。

(2) 基本顶的初次来压

① 初次来压时工作面矿压显现

2008 年 11 月 26 日,工作面顶板压力增大,顶板发出闷雷声,工作面中部局部顶板破碎,顶板出现下沉,工作面中部至溜尾侧的支架出现卸载,顶底板移近量增大,煤壁片帮,下隅角瓦斯含量较高。顶底板循环最大移近量为 165 mm,支架从顶板刚被煤机截割出的高度到支架顶梁后端切顶线处的顶底板移近量为500 mm。判断为基本顶的初次来压,初次来压步距为 70.7 m(含切眼宽度7.5 m)。从顶煤初次垮落至基本顶初次来压,工作面 62# ~122#架处于限采 3.0 m 段。地面矿压监测系统图见图 4-17～图 4-20。

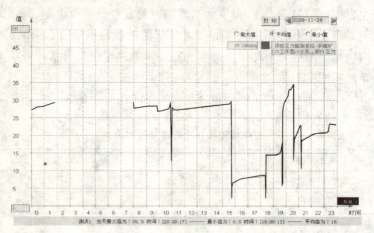

图 4-17　工作面靠溜头侧 25# 架初次来压时压力曲线图

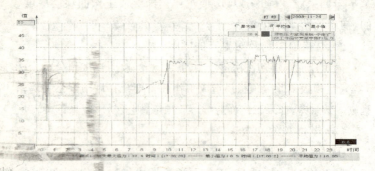

图 4-18　工作面中部 55# 架初次来压时压力曲线图

由监测系统图可以看出,支架拉移一个循环升够初撑力后在很短时间内出现卸载,说明上覆岩层活动剧烈,来压强度大。

由矿压观测系统和现场观测得知,工作面初次来压显现程度最为明显的是工作面中部,其次是溜尾侧,工作面溜头侧矿压显现较缓和。

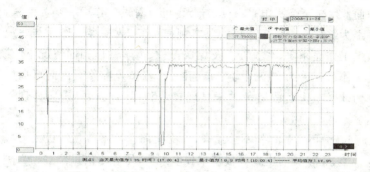

图 4-19 工作面中部 65# 架初次来压时压力曲线

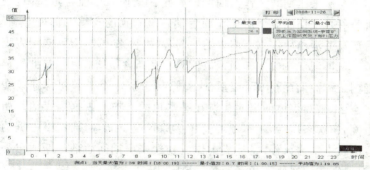

图 4-20 工作面靠溜尾侧 95# 架初次来压时压力曲线图

② 初次来压矿压显现现象分析

初次来压期间工作面中部局部顶板（61# ～79# 架）破碎,50# ～60# 架顶板较矮,最大顶底板移近量 500 mm,支架控顶困难,造成端面顶板出现一定程度的冒落。经分析,工作面中部为放煤段和不放煤段的分界点,造成此处在初次来压期间矿压应力较为集中,造成此处矿压显现最为明显。

初次来压期间,工作面中部至溜尾侧矿压显现明显,工作面中部至溜头侧矿压显现较缓和,分析后总结原因为以下两点:

a. 初次来压时此段范围工作面溜尾至 61# 架限采 3.0 m,工作面 62# 架至溜头限采 9.0 m,所以可以看做工作面一半为综采,一半为综放。由矿压显现的基本规律可知,放顶煤工作面与非放顶煤工作面相比,在顶板以及煤层条件、力学性质相同情况下,综放工作面开采的支撑压力分布范围大,峰值点前移。由此可以解释为什么工作面放煤段矿压显现较缓和而不放煤段矿压显现较明显。

b. 溜尾至 61# 架不放顶煤,在支架前移后不放顶煤极易形成悬臂梁,悬臂梁的出现导致基本顶断裂后,压力峰值点位置相当一部分集中在工作面支架上,导致此段压力增高,矿压显现明显。

初次来压期间工作面回风侧隅角瓦斯比来压前含量超限,分析为一是工作面放煤后工作面后端在基本顶的支撑下形成空洞,后部瓦斯涌出后占据空洞内的空间,基本顶来压垮落后,空洞内积留的瓦斯涌出造成工作面回风侧隅角瓦斯含量增高。二是此段范围内工作面溜尾至 61# 架后部不放煤,造成大量破碎煤体遗留在采空区,破碎煤体涌出的瓦斯在基本顶的支护下占据顶煤的原始空间,初次来压后,基本顶垮落压实原顶煤空间,后部瓦斯占据的空间被上部岩体侵入,造成工作面初次来压期间后部瓦斯涌出采空区,造成回风侧隅角瓦斯含量超限。

初次来压过后,工作面中部顶板仍呈破碎状态,但压力较小,推进 8 m 后才基本转好。造成此现象的原因为初次来压造成的压力峰值点在煤壁前方,在工作面还没推进至此位置时,煤体已被压酥,所以初次来压过后,工作面中部仍有部分支架顶板破碎,控顶困难。

③ 初次来压强度

工作面初次来压强度系数为来压时和来压前支护阻力平均值

的比值,反映了初次来压强度的大小。

因初次来压前,工作面的平均支护阻力为 28MPa,初次来压时工作面的支护阻力平均值为 34 MPa,所以初次来压强度系数为1.21。

(3) 基本顶的第一次和第二次周期来压

工作面推进到 90.2 m 处时,工作面顶板压力增大,支架出现大面积卸载,煤壁片帮,由矿压监测系统和现场观测,判断为基本顶的第一次周期来压。第一次周期来压步距为 19.5 m。从基本顶初次来压至第一次周期来压期间,全工作面限厚 9.0 m 回采。地面监测系统图如图 4-21~图 4-25 所示。

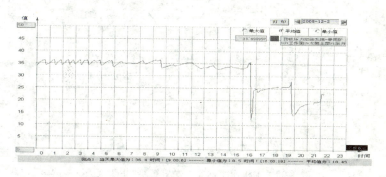

图 4-21　工作面溜头侧 25# 支架周期来压压力图

由监测系统和现场观测得知,此次周期来压全工作面显现明显,因为初次来压过后,全工作面限采 9.0 m,不存在不放煤段,所以全工作面矿压显现基本相同。

工作面第二次周期来压与第一次周期来压矿压显现基本相同,来压步距为 16.3 m。两次周期来压都在全工作面放煤时出现,来压强度较初次来压强度缓和。

(4) 第三次周期来压

① 矿压显现

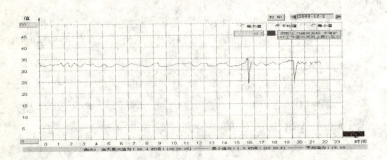

图 4-22　工作面溜头侧 35# 支架周期来压压力图

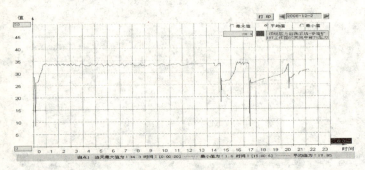

图 4-23　工作面中部 65# 支架周期来压压力图

工作面第三次周期来压与前两次周期来压相比，矿压显现剧烈，来压时，工作面支架在短时间内快速卸载，顶底板移近量即煤机刚截割后的顶底板高度和支架压低后顶梁末端切顶线处顶板高度最大差值为 905 mm，来压步距比前两次加大，为 28 m，工作面中部出现淋水，且淋水量大。

② 现象分析

第三次周期来压与前两次周期来压强度明显加大，步距加大，且前两次没有出现明显顶板淋水，此次来压伴随淋水，且水量大，针对此现象，现分析如下：

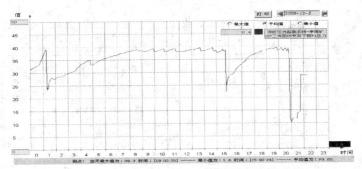

图 4-24　工作面靠溜尾侧 85# 架周期来压压力图

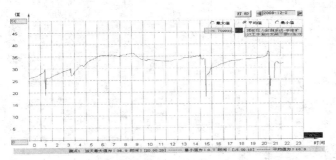

图 4-25　工作面靠溜头侧 105# 支架周期来压压力图

当采煤工作面上覆岩层存在多层坚硬岩层时,对采场来压产生影响的可能不止是邻近煤层的第一层坚硬岩层,有时上覆第二层、甚至第三层坚硬岩层也成为基本顶,它们破断后会影响采场来压显现,从而导致采场周期来压步距并不是每次都相等。由矿压理论可知,当存在两层或两层以上基本顶会导致采场周期来压步距呈现一大一小周期性变化和来压强度呈现以一高一低周期性变化。

工作面地质柱状图如图 4-26 所示。

由地质柱状图可知,煤层上方是平均 0.5 m 厚的直接顶,直接顶上方有两层坚硬岩层,第一层为平均 13.2 m 厚的粗粒砂岩,

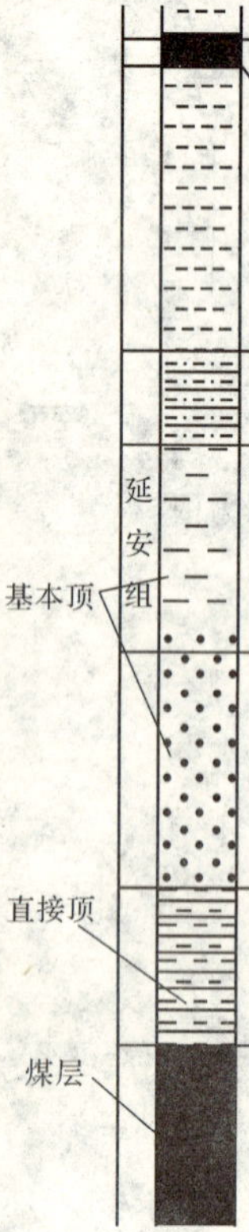

| | | | | | | |
|---|---|---|---|---|---|---|
| | | 25 | 427.3 | 0.2 | 5煤 | 5煤：黑色，半暗型，以暗煤为主，次为镜煤与丝炭。 |
| | | 26 | 433.6 | 6.3 | 粉砂岩 | 粉砂岩：浅灰色，含少量黄铁矿结核，富含植物化石碎片，炭屑及镜煤条带，自上面下夹有砂质泥岩、细粒砂岩条带，与下伏层分界明显。 |
| | | 27 | 435.7 | 2.1 | 砂质泥岩 | 砂质泥岩：灰色，含植物化石及黄铁矿结核，夹0.02 m煤层。 |
| 基本顶 | 延安组 | 28 | 451.3 | $\frac{15.6}{4\sim35.2}$ | 细粒砂岩 | 细粒砂岩：灰白色，块状构造，成分主为石英、长石，含少量云母片炭屑与暗色矿物，颗粒呈圆状，分选中等，钙质胶结，较硬，富含黄铁矿结核与晶粒，与下伏层分界明显。 |
| | | 29 | 464.5 | $\frac{13.2}{5\sim27.1}$ | 粗粒砂岩 | 粗粒砂岩：灰白色，厚层状，成分主为石英、长石，含云母片与暗绿色矿物，呈圆状与次棱圆状，分选中等，坚硬，局部含细砾，夹有镜煤条带，疏松。 |
| 直接顶 | | 30 | 465.0 | $\frac{0.5}{0.1\sim0.2}$ | 泥岩 | 泥岩：灰黑色，含黄铁矿结核，呈斜波状层理，含镜煤条带及植物化石碎片，夹砂岩条带，底部0.10 m为碳质泥岩。 |
| 煤层 | | | | | | |

图 4-26  工作面部分地质柱状图

第二层为平均 15.6 m 厚的细粒砂岩，两层坚硬岩层总厚度为 28.8 m。

由此可知，当这两层岩层一层断裂而另一层没断裂，和两层岩层同时出现断裂时，工作面所出现的矿压显现肯定有区别。因来压步距加大会导致来压强度较大，来压强度大，会在煤层至上覆基本顶岩层产生丰富的裂隙，裂隙将煤层顶板砂岩含水引至工作面，造成工作面淋水大。所以经综合考虑，第三次周期来压极有可能是煤层上覆两层坚硬岩层同时出现断裂,导致来压步距、强度比前两次周期来压都明显加大。

因第三次周期来压时工作面推进 140 m,根据现在许多矿井的生产经验,工作面推进距离接近工作面长度时,坚硬顶板极易出现"见方易垮"的现象,造成顶板破坏、垮落充分,进一步解释了此次来压强度较大的特点。

③ 第三次周期来压强度

来压时平均支护强度为 36 MPa,来压前平均支护强度为 28 MPa,来压强度系数为 1.29。

(5) 第四次周期来压至 560 m 限采段结束期间的周期来压

工作面在限采段推进时,上次周期来压过后和下次周期来压前,工作面有时需经过限采线,工作面 $62^{\#} \sim 122^{\#}$ 架有时为限采 3.0 m,有时不限采,造成工作面周期来压时步距、强度和工作面显现剧烈的地点极不一致,给总结此段内的矿压显现规律带来了困难。上次周期来压过后和下次周期来压前,工作面没有经过限采线时,如 $62^{\#} \sim 122^{\#}$ 架不限厚 3.0 m 开采,即全工作面放煤时,来压显现与第一、二次周期来压相同,如 $62^{\#} \sim 122^{\#}$ 架限厚 3.0 m 开采时,来压显现与初次来压时相同,工作面中部至溜尾侧矿压显现比至溜头侧较为剧烈。

560 m 限采段结束后,期间所有的周期来压强度、步距都没有第三次周期来压时强度和步距大。工作面矿压显现剧烈的地点集中表现在工作面中部。

4. 结论及建议

(1) 支架与围岩的相互作用关系

工作面与围岩的相互作用关系为:工作面上覆岩层的断裂和回转都是通过直接顶和顶煤作用到支架上,工作面支架又通过对顶煤和直接顶的支护控制间接控制基本顶,使基本顶活动不至于影响工作面的正常生产。支架和上覆坚硬岩层之间的关系为间接关系,支架和顶煤为直接关系,处理好顶煤对缓解矿压显现起到至关重要的作用。采取的措施为:在周期来压过后,下次周期来压前,尽量将顶煤放净,避免出现悬臂梁。在周期来压时,加快工作面推进速度,避免出现直接顶破碎,造成支架支护困难,失去支架的有效支护能力。

(2) ZF7500/18/35 支架的支护能力评定

工作面经过初次来压和多次周期来压,ZF7500/18/35 支架的工作阻力在基本顶断裂回转给工作面带来压力后呈中速卸载状态,加快推进速度后并没有给工作面生产造成影响。截至 560 m 限采段结束,工作面立柱共更换 6 棵,其中有 5 棵立柱密封被打穿串液。经过综合评定,支架能够满足生产,建议定期校订安全阀,确保正常卸载。

(3) 两顺槽超前支护

工作面在回采期间,两顺槽超前支护段没有出现顶板大面积下沉现象,顶煤初次垮落、基本顶初次来压和周期来压期间超前支护段顶板完整,巷道变形量不大,没有出现顶板破碎现象。

(4) 因基本顶初次来压时工作面中部顶板破碎情况推进 8 m 后才恢复完整,因此可以确定来压时压力峰值点在工作面前方 8 m 左右处。

(5) 来压期间,工作面中部矿压显现剧烈,因此建议工作面来压时,加快工作面推进速度,移架时跟机移架并确保支架的支护强度,工作面中部尽量超前移架,减小顶板破碎度,以减少基本顶来压对生产的影响。

# 第二部分
## 矿压观测工(高级)

# 第五章　煤矿动压现象及其防治

## 第一节　冲击矿压的特征及分类

### 一、冲击矿压现象

冲击矿压是压力超过煤体的强度极限,聚积在巷道周围煤岩体中的能量突然释放,在井巷发生爆炸性事故、动力将煤岩抛向巷道,同时发出强烈声响,造成煤岩体震动和煤岩体破坏、支架与设备损坏、人员伤亡、部分巷道垮落破坏等。

### 二、冲击矿压的显现特征

(1)突发性。冲击矿压一般没有明显的宏观前兆而突然发生,难于事先准确确定发生的时间、地点和强度。

(2)瞬时震动性。冲击矿压发生过程急剧而短暂,像爆炸一样伴有巨大的声响和强烈的震动,电机车等重型设备被移动,人员被弹起摔倒,震动波及范围可达几公里甚至几十公里,地面有地震感觉,但一般震动持续时间不超过几十秒。

(3)巨大破坏性。冲击矿压发生时,顶板可能有瞬间明显下沉,但一般并不冒落;有时底板突然开裂鼓起甚至接顶;常常有大量煤块甚至上百立方米的煤体突然破碎并从煤壁抛出,堵塞巷道,破坏支架,从后果来看冲击矿压常常造成惨重的人员伤亡和巨大的生产损失。

### 三、冲击矿压分类

1. 根据原岩(煤)体应力状态分类

(1)重力型冲击矿压。主要受重力作用,没有或只有极小构造应力影响的条件下引起的冲击矿压,如枣庄、抚顺、开滦等矿区发生的冲击矿压属重力型。

(2) 构造应力型冲击矿压。若构造应力远远超过岩层自重应力时,主要受构造应力的作用而引起冲击矿压,如北票和天池矿区发生的冲击矿压属于构造应力型。

(3) 中间型或重力-构造型冲击矿压。它是受重力和构造应力的共同作用引起的冲击矿压。

2. 根据冲击的显现强度分类

(1) 弹射。一些单个碎块从处于高压应力状态下的煤或岩体上射落,并伴有强烈声响,属于微冲击现象。

(2) 矿震。它是煤、岩内部的冲击矿压,即深部的煤或岩体发生破坏。但煤、岩并不向已采空间抛出,只有片帮或塌落现象,但煤或岩体产生明显震动,伴有巨大声响,同时产生煤尘。较弱的矿震称为微震,也称为"煤炮"。

(3) 弱冲击。煤或岩石向已采空间抛出,但破坏性不是很大,对支架、机器和设备基本上没有损坏,围岩产生震动,一般震级在2.2级以下,伴有很大声响,产生煤尘,在瓦斯煤层中可能有大量瓦斯涌出。

(4) 强冲击。部分煤或岩石急剧破碎,大量向已采空间抛出,出现支架折损、设备移动和围岩震动。震级在2.3级以上,伴有巨大声响,形成大量煤尘并产生冲击波。

另一种分类是根据震级强度并考虑抛出的煤量,可将冲击矿压压分三级:

(1) 轻微冲击(Ⅰ级)。抛出煤量在10 t以下,震级在1级以下的冲击矿压。

(2) 中等冲击(Ⅱ级)。抛出煤量在10~50 t之间,震级在1~2级的冲击矿压。

(3) 强烈冲击(Ⅲ级)。抛出煤量在50 t以上,震级在2级以上的冲击矿压。

3. 根据发生的地点和位置分类

(1)煤体冲击。发生在煤体内,根据冲击深度和强度又分为表面、浅部和深部冲击。

(2)围岩冲击。发生在顶底板岩层内,根据位置有顶板冲击和底板冲击。

根据国内外的分类方法,冲击矿压可以分为由采矿活动引起的采矿型冲击矿压和由构造活动引起的构造型冲击矿压。而采矿型冲击矿压可分为压力型、冲击型和冲击压力型。压力型冲击矿压是由于巷道周围煤体中的压力由亚稳态增加至极限值,其聚集的能量突然释放。冲击型冲击矿压是由于煤层顶底板厚岩层突然破断或位移引发的,它与震动脉冲地点有关。在某种程度上,构造型冲击矿压也可看做为冲击型。冲击压力型冲击矿压则介于上述两者之间,即当煤层受较大压力时,由来自周围岩体内不大的冲击脉冲作用下引发的冲击矿压。

# 第二节  冲击矿压发生的原因

冲击矿压发生的原因是多方面的,但从总的来说可以分为三类,即:自然地质因素(应力)、开采技术(采动应力集中)、组织管理措施(防治措施)。

## 一、地质条件对冲击矿压的影响

1. 开采深度

统计分析表明,开采深度越大,冲击矿压发生的可能性也越大。

2. 煤岩的力学特征

在一定的围岩与压力条件下,任何煤层中的巷道或采场可能发生冲击矿压。煤的强度越高,引发冲击矿压所要求的应力越小。煤的冲击倾向性是评价煤层冲击性的特征参数之一。对煤的冲击倾向性评价,主要采用煤的冲击能量指数 $K_E$、弹性能量指数 $W_{ET}$

和动态破坏时间 $D_T$。

3. 顶板岩层的结构特点

顶板岩层结构,特别是煤层上方坚硬、厚层砂岩顶板是影响冲击矿压发生的主要因素之一,其主要原因是坚硬厚层砂岩顶板容易聚积大量的弹性能。在坚硬顶板破断或滑移过程中,大量的弹性能突然释放,形成强烈震动,导致顶板煤层型(冲击压力型)冲击矿压或顶板型(冲击型)冲击矿压。

4. 地质动力因素

实践证明,冲击矿压经常发生在向斜轴部,特别是构造变化区,断层附近,煤层倾角变化带,煤层皱曲,构造应力带。

**二、开采技术对冲击矿压的影响**

冲击矿压大多数发生在巷道(72.6%),采场则较少(27.4%)。残采区和停采线对冲击矿压的发生影响较大。从统计结果看,89%的冲击矿压发生在残采区、停采线、断层区域或煤层超采的地方。

1. 开采设计和开采顺序

当在几个煤层中同时布置几个采面时,采面的布置方式和开采顺序将强烈影响煤岩体内的应力分布。

冲击矿压经常出现在采面向采空区推进时;在距采空区 15~40 m 的应力集中区内掘进巷道时;两个采面相向推进时及两个近距离煤层中的两个采面同时开采时。

2. 上覆煤层工作面停采线和煤柱的影响

上覆煤层工作面的停采线和煤柱形成的应力集中对下部煤层造成了很大的威胁,使冲击矿压的危险性有很大的增加。

3. 采空区的影响

当工作面接近已有的采空区,其距离为 20~30 m 时,冲击矿压危险性随之增加。

4. 开采区域的影响

在煤层开采面积增加的情况下,岩体的震动能量也随之增加。研究表明,当开采面积为 3 万 $m^2$ 时,释放的单位面积的震动能量为最大。

# 第三节　冲击矿压的预测预报

**一、冲击矿压预测预报目标**

冲击地压的预测主要包括时间、地点和规模大小。目前主要采用的方法,包括根据采矿地质条件确定冲击矿压危险的综合指数法、数值模拟分析法、钻屑法等;采矿地球物理方法、包括微震法、声发射法、电磁辐射法、振动法、重力法等。

**二、冲击矿压危险性等级的划分原则**

根据冲击矿压发生的原因,冲击矿压的预测预报、危险性评价及冲击矿压的治理,可以对冲击矿压的危险程度按冲击矿压危险状态等级评定分为五级:A. 无冲击危险;B. 弱冲击危险;C. 中等冲击危险;D. 强冲击危险;E. 不安全。

**三、冲击矿压预测方法**

1. 综合指数法

综合指数法就是在分析已发生的各种冲击矿压灾害的基础上,分析各种采矿地质因素对冲击矿压发生的影响,确定各种因素的影响权重,然后将其综合起来,建立的冲击矿压危险性预测预报的一种方法。

(1)影响冲击矿压危险状态的地质因素及指数(表 5-1)

表 5-1　　　　　影响冲击矿压危险状态的因素及指数

| 序号 | 因素 | 危险状态的影响因素 | 影响因素的定义 | 冲击矿压危险指数 |
|------|------|------|------|------|
| 1 | $W_1$ | 发生过冲击矿压 | 该煤层未发生过冲击矿压 | −2 |
| | | | 该层发生过冲击矿压 | 0 |

矿压观测工

| 序号 | 因素 | 危险状态的影响因素 | 影响因素的定义 | 冲击矿压危险指数 |
|---|---|---|---|---|
| 1 | $W_1$ | 发生过冲击矿压 | 采用同种作业方式在该层和煤柱中多次发生过冲击矿压 | 3 |
| 2 | $W_2$ | 开采深度 | 小于 500 m | 0 |
| | | | 500～700 m | 1 |
| | | | 大于 700 m | 2 |
| 3 | $W_3$ | 硬厚顶板岩层($R_c \geqslant 60$ MPa)距煤层的距离 | $>100$ m | 0 |
| | | | 100～50 m | 1 |
| | | | $<50$ m | 3 |
| 4 | $W_4$ | 开采区域内的构造应力集中 | $>10\%$ 正常 | 1 |
| | | | $>20\%$ 正常 | 2 |
| | | | $>30\%$ 正常 | 3 |
| 5 | $W_5$ | 顶板岩层厚度特征参数 $L_{st}/m$ | $<50$ | 0 |
| | | | $\geqslant 50$ | 2 |
| 6 | $W_6$ | 煤的抗压强度 | $R_c \leqslant 16$ MPa | 0 |
| | | | $R_c > 16$ MPa | 2 |
| 7 | $W_7$ | 煤的冲击能量指数 $W_{ET}$ | $W_{ET} < 2$ | 0 |
| | | | $W \leqslant W_{ET} < 5$ | 2 |
| | | | $W_{ET} \geqslant 5$ | 4 |

(2) 影响冲击矿压危险状态的开采技术因素及指数(表 5-2)

表 5-2　　开采技术条件影响冲击矿压危险状态的因素及指数

| 序号 | 因素 | 危险状态的影响因素 | 影响因素的定义 | 冲击矿压危险指数 |
|---|---|---|---|---|
| 1 | $W_1$ | 工作面距残留区或停采线的垂直距离 | >60 m | 0 |
| | | | 60～30 m | 2 |
| | | | <30 m | 3 |
| 2 | $W_2$ | 未卸压的厚煤层 | 留顶煤或底煤厚度大于1.0 m | 3 |
| 3 | $W_3$ | 未卸压一次采全高的煤厚 | <3.0 m | 0 |
| | | | 3.0～4.0 m | 1 |
| | | | >4.0 m | 3 |
| 4 | $W_4$ | 两侧采空,工作面斜长 | >300 m | 0 |
| | | | 300～150 m | 2 |
| | | | <150 m | 4 |
| 5 | $W_5$ | 沿采空区掘进巷道 | 无煤柱或煤柱宽小于3 m | 0 |
| | | | 煤柱宽3～10 m | 2 |
| | | | 煤柱宽10～15 m | 4 |
| 6 | $W_6$ | 接近采空区的距离小于50 m | 掘进面 | 2 |
| | | | 回采面 | 3 |
| | | 接近煤柱的距离小于50 m | 掘进面 | 1 |
| | | | 回采面 | 3 |
| 7 | $W_7$ | 掘进头接近老巷的距离小于50 m | 老巷已充填 | 1 |
| | | | 老巷未充填 | 2 |
| | | 采面接近老巷的距离小于30 m | 老巷已充填 | 1 |
| | | | 老巷未充填 | 2 |
| | | 采面接近分叉的距离小于50 m | 掘进面或回采面 | 3 |

| 序号 | 因素 | 危险状态的影响因素 | 影响因素的定义 | 冲击矿压危险指数 |
|------|------|------|------|------|
| 8 | $W_8$ | 采面接近落差大于 3 m 断层的距离小于 50 m | 接近上盘 | 1 |
| | | | 接近下盘 | 2 |
| 9 | $W_9$ | 采面接近煤层倾角剧烈变化的褶皱距离小于 50 m | >15° | 2 |
| 10 | $W_{10}$ | 采面接近煤层侵蚀或合层部分 | 掘进面或回采面 | 2 |
| 11 | $W_{11}$ | 开采过上或下解放层,卸压程度 | 弱 | −2 |
| | | | 中等 | −4 |
| | | | 好 | −8 |
| 12 | $W_{12}$ | 采空区处理方式 | 充填法 | 2 |
| | | | 垮落法 | 0 |

（3）冲击矿压危险程度的预测预报

$$W_{t1} = \dfrac{\sum\limits_{i=1}^{n_1} W_i}{\sum\limits_{i=1}^{n_1} W_{i\,\max}}, \qquad W_{t2} = \dfrac{\sum\limits_{i=2}^{n_2} W_i}{\sum\limits_{i=1}^{n_2} W_{i\,\max}}$$

根据这两个指数表达式,用下式就可确定出采掘工作面周围冲击矿压危险状态等级评定的综合指数 $W_t$。

$$W_t = \max\{W_{t1}, W_{t2}\}$$

式中　$W_{t1}$——采矿地质因素确定的冲击矿压危险指数;

　　　$W_{t2}$——开采技术因素确定的冲击矿压危险指数。

2. 计算机模拟

分析冲击矿压区域内的应力分布状态和应力值的大小是防治冲击矿压的基础。目前世界上比较通用的分析模拟程序有 FLAC、UDEC、ANSYS 等,其采用的方法主要是有限元法、边界元法、离散元法等。数值模拟方法只能作为一种近似方法使用,多年实践证明,数值模拟结果对于确定冲击矿压危险区域是有效的。

3. 钻屑法

根据钻屑量预测冲击矿压危险性时,常采用钻出煤粉量与正常排粉量之比,作为衡量冲击危险的指标。

4. 微震法

采矿活动引发的动力现象分为两种:强烈的,属于采矿微震的范畴;较弱的,如声响、震动、卸压等则为采矿地音,也称为岩石的声发射。

微震监测系统的主要功能是对全矿范围进行微震监测,是一种区域性监测方法。通过监测可以自动记录微震活动,实时进行震源定位和微震能量计算,为评价全矿范围内的冲击地压危险性提供依据。

冲击地压发生前兆的微震活动规律:

(1)微震活动的频度急剧增加;

(2)微震总能量急剧增加;

(3)爆破后,微震活动恢复到爆破前微震活动水平所需的时间增加。

5. 地音法

地音法通过设置固定的监测站,可以连续监测煤岩体内声发射的连续变化,预测冲击矿压危险性及危险程度的变化。

6. 电磁辐射法

电磁辐射强度和脉冲数两个参数综合反映了煤体前方应力集中程度的大小,因此可用电磁辐射法进行冲击矿压预测预报。

7. 综合预测方法

由于冲击地压的随机性和突发性,以及破坏形式的多样性,使得冲击地压的预测工作变得极为困难复杂,单凭一种方法是不可靠的,应该根据具体情况,在分析地质开采条件的基础上,采用多种方法进行综合预测。

# 第四节　冲击矿压的防治

## 一、冲击矿压的防治

由于冲击矿压问题的复杂性和我国煤矿生产地质条件的复杂性，增加了冲击矿压防治工作的困难。为了有效地防范冲击矿压危害，应当根据具体条件因地制宜地优先采取防范措施。从大范围内降低应力集中程度，控制弹性能积蓄和释放的外部条件，以及改变煤岩体本身结构和力学性质入手，消除和减缓其积聚和突然释放弹性能的内部条件。

### 1. 采用合理的开拓布置和开采方式

采用合理的开拓布置和开采方式，对防治冲击矿压至关重要。它包括在勘探和矿井设计阶段，就力图尽早查明冲击危险煤层和区段，可以在设计中就考虑和规定冲击矿压防治措施，并在开拓和准备阶段中实现合理的开拓开采方式和顺序，以便完全消除冲击矿压危险，或把它降低到最小程度。经验表明，多数矿井的冲击矿压是由于开采技术不合理造成的。不正确的开拓开采方式一经形成就难以改变。所以有关规定明确指出：冲击矿压矿井有关的长远规划和年度计划中必须包括防治冲击矿压措施；开采冲击矿压煤层的新水平，必须以冲击倾向鉴定等资料为基础，编制包括冲击矿压防治措施的专门设计；已开采的煤层一经确定为冲击矿压煤层，对正在开采的水平，必须在三个月内补充编制专门设计；开采冲击矿压煤层必须采取防治冲击矿压的生产技术措施和专门措施，在采掘工作前必须编制包括防治冲击矿压内容的掘进和回采作业规程和专项防治措施的实施规程。

### 2. 开采保护层

开采保护层是防治冲击矿压的一项有效的、带有根本性的区域性防范措施。

由于煤层开采的结果,导致上覆岩层变形、破断和向已采空间移动。根据岩层移动的观测研究,采空区上覆岩层的移动情况如图 5-1 所示。观测研究表明,采空后上覆岩层虽然破断为岩块,但仍处于整齐排列之中,故其在岩层移动过程中仍能相互制约,形成一系列的力学结构。

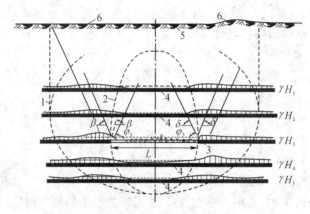

图 5-1　开采保护层卸压带示意图

$L$——工作面长度;$\varphi_3$——充分移动角;$\delta$——断裂角;$\beta$——变形滑移角

1——应力升高区边界线;2——卸压带边界线;3——保护层;

4——被保护层;5——压缩变形区;6——拉伸变形区

3. 煤层预注水

煤层预注水是在采掘工作前,对煤层进行长时压力注水。注水一般是在已掘好的回采巷道内或邻近的巷道内进行。其目的是通过压力水的物理化学作用,改变煤的物理力学性质,降低煤层冲击倾向性并改变应力状态。煤层预注水是一种积极主动的区域性防范措施,不仅能消除或减缓冲击矿压的威胁,而且可起到消尘、降温、改善劳动条件的作用。煤层预注水的施工应按照有关规定进行。

## 二、冲击危险的解危措施

### 1. 震动爆破

震动爆破是一种特殊的爆破,它与爆破落煤不同。震动炮的主要任务是爆破炸药,形成强烈的冲击波,使岩体发生震动。震动炮要使震动范围最大,甚至是整个工作面长;在装药量一定的情况下,震动效果最好。震动爆破有震动卸压爆破、震动落煤爆破、震动卸压落煤爆破、顶板爆破。

### 2. 煤层注水

煤系地层岩层的单向抗压强度随着其含水量的增加而降低。

### 3. 钻孔卸压

采用煤体钻孔可以释放煤体中聚积的弹性能,消除高应力区。

### 4. 定向裂缝

(1)定向水力裂缝法

定向水力裂缝法就是人为地在岩层中预先制造一个裂缝。在较短的时间内,采用高压水,将岩体沿预先制造的裂缝破裂。在高压水作用下,岩体的破裂半径可达 $15 \sim 25$ m。高压泵的压力应在 $30$ MPa 以上,流量应在 $60$ L/min 以上。

(2)定向爆破裂缝法

定向爆破裂缝法的原理与定向水力裂缝法基本相同,不同处只是将高压水换成了炸药,其预裂缝也有周向和轴向之分。

# 第五节　顶板大面积来压

## 一、顶板大面积来压现象及特征

顶板大面积来压时,一次冒落的面积少则几千平方米,多则可达几万甚至十几万平方米。这样大面积的顶板在极短时间内冒落下来,不仅由于重力的作用会产生严重的冲击破坏力,而且更加严重的是使已采空间的空气瞬时排出,形成巨大的暴风,破坏力极强。

**二、顶板大面积来压的成因和机理**

在开采中难冒坚硬顶板虽然悬露面积很大,但在自重应力作用下,当弯曲应力值超过其强度极限时,也必将出现裂缝或使原生的细微裂隙扩展。一旦这些裂缝贯穿坚硬岩层时,则发生断裂。此外,由于顶板大面积悬空,使采空空间形成扁平狭条孔,在煤柱上的顶板岩层内产生巨大的切应力,也将促使顶板被切断。

**三、顶板大面积来压的防治措施**

1. 顶板大面积来压的预兆及测定

大面积来压的预兆主要表现为:顶板断裂声响的频率和音响增大;煤帮有明显受压和片帮现象;底板出现鼓起或沿煤柱附近的底板发生裂缝;巷道超前压力较明显;工作面中支柱载荷和顶板下沉速度明显增大;采空区顶板有时发生裂缝或淋水加大,向顶板中打的钻孔原先流清水,后变为白糊状的液体。

2. 顶板大面积来压的防治措施

顶板大面积来压主要的危险是由顶板冒落而形成的冲击荷载和暴风。防止和减弱其危害的基本原理是改变岩体的物理力学性能,以减小顶板悬露和冒落面积,以及减小顶板下落高度,以降低空气排放速度。具体的办法有以下几种。

(1)顶板高压注水

从工作面两巷向顶板打深孔,进行高压注水。钻孔布置方式及参数如图 5-2 所示。

(2)强制放顶

强制放顶方法有以下几种:

① "循环式"浅孔放顶。

② "步距式"深孔放顶,如图 5-3 所示。

③ 台阶式放顶。

④ 超前深孔松动爆破,如图 5-4 所示。

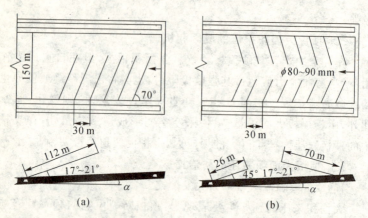

图 5-2  顶板注水钻孔布置方式及其参数

⑤ 地面深孔放顶。

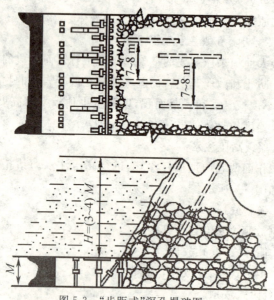

图 5-3  "步距式"深孔爆破图

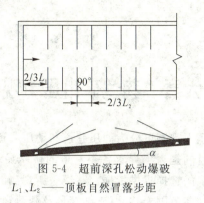

图 5-4　超前深孔松动爆破

$L_1$、$L_2$——顶板自然冒落步距

（3）预防暴风措施

在有大面积来压危险的矿井或区域,可采取预防措施,以免对生产和安全造成危害,一般是采用堵和泄的办法。堵,即用留置隔离煤柱和设置防暴风密闭的方法把已采区与生产区隔离起来。泄,即通过专门泄风道,使被隔离区域与地面相通,以便将形成的暴风引出地表。

# 复习思考题

1. 什么叫煤矿冲击矿压现象?
2. 简述冲击矿压按原岩体应力状态和显现强度的分类。
3. 冲击矿压的预测方法有哪几种?
4. 简述冲击矿压防治措施的基本原理和主要方法。
5. 顶板大面积来压的防治措施有哪几种?

# 第六章　巷道矿山压力观测

巷道矿山压力观测可分为静压巷道和动压巷道矿压观测。巷道矿压观测的目的是为了寻求各类巷道的矿压显现规律,为支护设计和巷道位置的选择提供依据。巷道矿压观测的内容包括巷道表面位移观测和巷道围岩移动、支架变形及载荷观测等。

## 第一节　巷道围岩相对移近量观测

巷道表面移动常用移动量来表示,它可分为相对移动量和绝对移动量。相对就是一个物质或一个整体和另一个物质或另一个整体相互比较。绝对就是独一无二,没有任何物质可以与之比较。

**一、测站布置及测点安设**

1. 测站布置

布置在工作面前方不受采动影响区,一般距工作面 $60\sim100$ m远。为了对比,要求每条巷道内布置 $2\sim3$ 个测站,每个测站间距以 $20\sim25$ m 为宜。测站的具体位置,视地质条件和生产情况而定。

2. 测点安设

(1) 测点安设要求

① 观测点处要求顶板稳定、支架完好、两帮整齐、底板平坦,便于观测;

② 测点应安设牢固,以便保护测点从而进行长期观测;

③ 各观测截面内的空间位置应力求一致。

（2）测点安设方法

在顶板上打一个深为 100～200 mm、直径约为 40 mm 的钻眼,打入木塞,木塞的上钉作为测量基准点的基钉(铁钉头部钻有一圆穴,如图 6-1),同时在顶底板垂线方向以同样的方法在底板设基点。顶板比较坚硬,可用彩色油漆标明观测基点。两帮观测基点的安设方法与上述基本相同,各对测点在同一平面上。

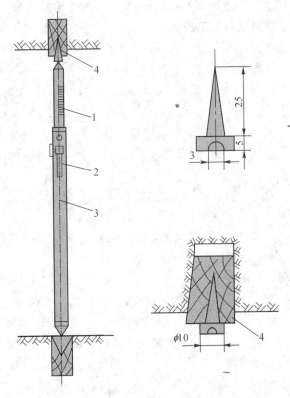

图 6-1 测点的安设

1——活杆;2——弹簧;3——套管;4——基准点

**二、测点的布置方式**

（1）垂直布置。适用于巷道顶底板相对移动量较大，两帮不产生变形或变形较小的情况。

（2）十字布置。当巷道顶底板和两帮都有较大变形时，一般采用十字形布置测点。

（3）网格布置。如果巷道围岩松软，四周巷道空间凸出，为了研究围岩的变形状况及巷道断面缩小率，可采用网格布置法。

**三、观测仪器与使用方法**

（1）观测仪器：一般用 ADL-2.5 型测杆、KY-80 型顶板动态仪、收敛计、卷尺等。

（2）使用方法：在巷道顶底板或两帮观测基点安设好后，进行编号。Ⅰ、Ⅱ、Ⅲ…为测站号；A、B、C…为测点号，如ⅡA 为第二测站第一测点。把测杆放在基点顶端铁钉的穴孔内。要求各测站每天观测一次，当工作面采至测站附近时，可一天测读两次。

# 第二节　巷道支架载荷与变形观测

巷道支架载荷观测仪器：ADJ 型机械式、HC 型液压式或YLH 型钢弦式测力计。

观测仪器的安设：

每架支架安设测力计的数量视需要而定。一般在两帮各安设2～3 台，在顶板处安设 3～5 台测力计。将测力计均匀地安置在支架上，躲开棚腿搭接处。为防止测力计下滑并使其受力均匀，在测力计与支架之间放底托，测力计上边用护板盖好，护板厚度 8～10 mm，宽 200 mm，长 1 000 mm，呈弧形，用钢板制成。护板上面用半圆木插严背实，编号 1、2、3…。

# 第三节　巷道围岩应力观测

巷道围岩应力测定方法主要有钻孔变形量测法、钻孔应力量测法、钻孔应变量测法,还可以通过测定周边应力作用的效果而间接地进行观测(应力解除法和应力恢复法)。常用的方法有应力解除法和应力恢复法。

**一、应力解除法**

1. 基本原理

巷道围岩都处于一定的应力状态之中,在应力作用下围岩发生一定的变形,其中大部分是弹性变形。当人为地将岩体微元与基岩分离时,由于岩体微元的内在应力得到解除。它的几何尺寸将发生弹性恢复,测出这种恢复应变 $\varepsilon$ 和弹性常数 $E$,然后用弹性力学的方法计算出原来存在于围岩中的应力。

2. 围岩变形的测量方法

为了测量出围岩变形,可分别采用百分表、钢弦应变计、光弹应变计、电阻应变仪等测量仪器。

(1)选择不受地质构造影响,有代表性的测试地点。

(2)在巷道一壁钻两个孔,并在其内设置固定测点,间距 $L$ 为 $120\sim500$ mm。

(3)在两孔外围打一圈密集孔,并凿成连通的"解放槽",为使试验点表面应力完全解除,槽深 $L_2$ 大于测杆孔深 $L_1$ 以及测距 $L$。

(4)随着钻孔地进行,槽间岩体便逐渐卸载,最后应变得到恢复,此过程一直随着测点变动,最后测距 $L$ 变为 $L'$。

(5)取下环形槽内岩芯,并在实验室中测定其弹性常数 $E$ 和泊松比 $\mu$ 值。

(6)假若岩体处于弹性状态,则根据胡克定律就可以求得沿测点方向在 $L$ 范围内的平均应力 $\sigma = E\varepsilon$。$L$ 方向的平均应变为

$\varepsilon = \dfrac{L'-L}{L}$。若此处岩体承受压应力,则 $L'>L$ 为伸长;若此处岩体原受拉应力。则 $L'<L$ 为缩短。

**二、应力恢复法**

1. 基本原理

应力恢复法与应力解除法大同小异。其不同点在于"解放槽"凿成后,应力被解除,测点间距从 $L$ 变到 $L'$,并不依此计算应变相主应力,而是人为地对"解放槽"施加压力,使岩体恢复到应力解除前的状态,然后根据所施加的压力求出周边应力的大小。

2. 测试方法

(1)在选择好的测量点上安装测量元件;

(2)在岩体上开凿直槽,槽的方向应与所测定的应力方向垂直;

(3)在直槽内放入液压枕,并用水泥砂浆充填空隙;

(4)通过液压枕对"解放槽"施加压力,直到间距从 $L'$ 恢复到 $L$,再停止加压;

(5)根据液压枕上压力表读数,即可换算出岩体周边沿 $L$ 方向的应力。

应力恢复法优点:不需要从应变换算为应力,也不需要引入弹性模量 $E$ 和泊松比 $\mu$,但它只能测量与液压枕加压方向一致的应力。仅适用于应力方向大体上已知的场合。

# 第四节 巷道围岩松动圈的测定

**一、松动圈的形成**

在岩体中开掘巷道后,应力重新分布,巷道围岩表层不能承受压力时则产生裂隙并发生变形位移,进而形成破裂松动圈。

实测松动圈的范围大小、形状是设计地下工程,评定围岩稳定性,确定锚杆长度等的重要参数。

松动圈的测定方法很多,有钻孔潜望镜法、剪切带量测法、钻孔摄影法、钻孔电视法、形变-电阻率法及声波测试法等,常用的是声波测试法。声波测试法具有快速、准确、简易、经济等优点。

## 二、测试基本原理

在岩体中造成一小振动,根据所测得的声波在岩体中的传播特性与正常情况相比较,即可判定岩体受力后的形态。

声波的传播速度决定于岩体的完整性,完整岩体的声波传播速度一般较高;裂隙扩张的围岩松动区波速相对较低。因而,在围岩压密区和松动区之间会出现明显的波速变化,见表 6-1。

表 6-1　　　　　　　　　岩体声速粗略数据表

| 岩体种类 | 原岩体声速/(m/s) | 破碎岩体声速/(m/s) |
|---|---|---|
| 坚硬岩体 | 4 000~5 000 | 2 000~3 000 |
| 中硬岩体 | 3 000~4 000 | 1 000~2 000 |
| 软岩体 | 2 000~3 000 | <1 000 |

## 三、测试仪器

测试仪器:声波仪及换能器。

(1)声波仪:主要部件是发射机和接收机。

发射机:能向声波测试探头(换能器)输出一定频率的电脉冲,向探头输出能量。

接收机:将探头所接收的微量讯号,经过放大,并在示波管上反映出来。要求能够正确显示声波波形,且测得发射后达到接收探头的时间间隔,以便计算波速。

(2)换能器:声波测试探头,按其功能可分为发射换能器和接收换能器。

主要功能是将声波仪所输出的电脉冲变为声波能或将声波能变为电讯号输送到主接收机。

为使换能器与岩体很好地耦合,在壁面上一般用黄油作耦合剂,在钻孔中一般用水作耦合剂。

岩石声波探测仪主要有:KH 型声波探测仪、SYC-2.3 型声波岩石参数测定仪、MA-Ⅰ、Ⅱ型围岩松动圈测试仪等。

**四、声波探测的工作方式**

1. 双孔法

(1) 钻两个平行钻孔,钻孔直径 42~46 mm,孔深在 8 m 以内,孔间距 1.5~2 m。

(2) 将发射换能器和接收换能器分别安设在两个钻孔内,并使其较好地耦合。采用点测法时,将发射和接收换能器同时平行移动 20 cm 测读一次。

(3) 测得纵波传播 $L$ 间距的时间 $t_p$。在横波能辨别的条件下测横波到达的时间 $t_s$,并做好声波记录。由此可得 $V_p$、$V$ 等参数。

2. 单孔法

单孔法每次测试只需测一个孔,也可以直接利用锚杆孔。这种方法操作简单,准备工作量小。KH 型声波探测仪主要用于单孔测试。单孔测试工作方式有:一发一收,一发两收。

测试时,将发射换能器 F 和接收换能器 S 插入孔内,并在孔内注满水。

**五、应用声波探测围岩松动圈**

1. 测试位置选择

巷道断面位置选择应考虑以下原则:

(1) 巷道围岩的力学特性应尽可能均匀;

(2) 避免通过大裂隙发育带(如小断层、节理发育带等),要选择具有代表性的地点;

（3）使测孔布置在巷道围岩易损坏部位（如拱顶、拱角处等）及影响围岩稳定性的关键部位。

2. 测试方法

（1）确定巷道测试位置后，在巷道壁的各个部位布置适量的测孔，量测距巷壁不同深度的点的声波传播速度变化，绘制波速距巷壁不同深度的变化曲线，即 $V_p$-$L$ 曲线。

（2）结合岩体正常波速和地质情况，应力下降的裂隙带或松动带，表现为波速的相对降低区。

（3）应力升高的裂隙压密带，表现为波速的相对升高区。

（4）原岩应力区，则为正常波速区。

（5）拱形断面巷道各测孔的倾角布置如下：拱顶 90°、拱角 45°、边角下扎 5°。

（6）可采用双孔法和单孔法的工作方式。

（7）测孔间距的选取，要求能真实准确地测得围岩深部各点的波速变化。

（8）为提高测量精度，在仪器发射功率允许条件下，距离加长更有利。

（9）岩体破裂后，波形波幅衰减快，穿透距离将受到限制。一般取 1.5～2 m，岩体较差时取 1 m。

# 复习思考题

1. 巷道矿压观测的主要内容有哪些？

2. 巷道测点的布置方式有哪几种？

3. 巷道围岩松动圈是怎样形成的？

# 第七章　巷道矿山压力控制

## 第一节　巷道变形与破坏的基本形式

**一、巷道顶板冒落**

（1）顶板规则冒落。其特点是顶板冒落后,冒落面比较圆滑、规整。这类事故一般发生在泥岩、砂质页岩或含有泥质夹层的松软岩层。

（2）顶板不规则冒落。其特点是冒落形状很不规则。这类事故多发生在断层等地质构造破碎带。

（3）顶板弯曲下沉。这种情况是在上覆岩层重力的作用下,顶板岩层弯曲下沉,岩层底部受拉而出现裂缝或断裂。这种事故多发生在近水平或缓斜煤层的层状顶板岩层结构中以及巷道跨度较小的情况下。

**二、巷道底板变形与破坏**

（1）底板塑性膨胀。这种情况多发生在巷道底板为强度较低的黏土质岩石中,其变形特点是巷道底板呈塑性鼓起。

（2）底板鼓裂。这种情况发生在层状结构的中硬黏土质岩石中,其变形特点是巷道底板发生明显的裂隙及鼓起。

**三、巷道两帮变形**

（1）巷道鼓帮。这种事故在整体结构或层状结构的岩层或煤层中均可能发生,其变形特点是巷道两帮出现比较规则的鼓出。

（2）巷帮开裂或破坏,这种情况发生在整体结构的厚岩层或块状岩体中,其变形特点是巷道两帮出现开裂破坏。

(3)巷帮小块危岩滑落或片帮。这种事故多发生在地质构造破坏带、岩层中有软弱夹层的地段等,其变形特点是巷道帮发生岩石滑落破坏。

# 第二节　影响巷道变形与破坏的因素

## 一、自然因素

(1)岩石性质及构造特征。在巷道掘进遇到强度较低的软弱岩层时很容易发生冒顶,但一般情况下规模及强度比较小,如泥质胶结的页岩等。对于坚硬岩层,受力后不易变形和破坏,巷道掘进过程中也不易发生冒落,然而一旦发生冒落,其规模及强度可能较大,例如砂岩等。岩石的构造特征对巷道变形破坏性质和规模也有影响,如巷道顶板中有弱面(煤线、弱层理面等)时,就容易引起顶板岩层的离层甚至冒顶。

(2)开采深度。随着开采深度的增加,巷道上覆岩层重量增大,形成的支承应力较大,从而将增大巷道的变形及破坏的可能性。此外地下岩石的温度也随开采深度的增加而增高,温度升高会使围岩由脆性向塑性转化,容易使巷道产生塑性变形。

(3)煤层倾角。煤层倾角不同也会使巷道的破坏形式产生差异。如水平或中斜煤层巷道中多出现顶板弯曲下沉、冒落。急斜煤层巷道多出现鼓帮、底板滑落及顶板抽条冒落等形式的破坏。

(4)地质构造因素。地质破坏带内的岩层通常是由松散的岩块所组成,在地质破坏带内开掘巷道时很容易产生巷道冒顶事故,而且冒顶规模一般较大。

(5)矿井水的影响。矿井水容易使破碎岩块之间的摩擦系数减少而造成个别岩块滑动和冒落,也会使岩石强度降低,或促使岩层软化、膨胀,从而造成巷道围岩产生很大的变形。

（6）时间因素影响。各种岩石的强度都有一定的时间效应，特别是矿井巷道的围岩，由于所处的自然环境较差，在时间和其他因素的作用下，岩石的强度会因风化、地下水等作用而降低。

**二、开采技术因素**

（1）巷道与开采工作的关系。如巷道是受一侧采动影响还是受两侧采动的影响，是初次受采动影响还是受多次采动的影响。

（2）巷旁支护的方法。如留煤柱护巷还是在巷旁浇注刚性充填带护巷。

（3）巷内支护。如巷内采用的支架类型及支护方式。

（4）巷道掘进方式。如在前进式开采中，工作面的上下区段平巷可以采用与工作面平行掘进、滞后掘进及超前掘进等不同方式，采用滞后掘进可以使巷道躲开采煤工作面的剧烈采动影响，避免巷道产生剧烈变形与破坏。

# 第三节　巷道矿压控制原理

**一、矿压控制原理**

巷道围岩控制是指控制巷道围岩的矿山压力和周边位移所采取措施的总和。其基本原理是：人们根据巷道围岩应力、围岩强度以及它们之间相互关系，选择合适的巷道布置和保护及支护方式，从而降低围岩应力，增加围岩强度，改善围岩受力条件和赋存环境，有效地控制围岩的变形、破坏。

**二、控制巷道矿压的基本原则和途径**

1. 抵抗高压（抗压）

基本途径：巷道开掘在高压区，用加强支护的手段（包括对围岩进行支撑和加固）对付高压力。

2. 释放高压（让压）

基本途径：巷道仍开掘在高压区，但不用高支撑力的支架硬顶,而是允许围岩产生较大变形,使围岩中的高压得到释放(也称应力释放)。

3. 避开高压(躲压)

基本途径:选择巷道位置时,避升高压作用的地点,把巷道布置在低压区,或者掘巷时错过高压作用的时间,把巷道开掘在压力已稳定区。

4. 移走高压(移压)

基本途径:巷道仍开掘在高压区,用人为的卸压措施使高压转移至离巷道较远的地点。

# 第四节　减轻巷道受压的主要措施

进行巷道矿压控制,一方面应选择合理的巷道布置位置和开掘时间,另一方面,必须采取合理有效的支护方式来控制巷道变形。

## 一、使巷道处于低压区

1. 无煤柱护巷(分为沿空掘巷和沿空留巷两种类型)

(1)沿空掘巷。即沿上区段采空区的边缘掘进下区段工作面的回风平巷。① 完全沿空掘巷;② 留窄煤柱沿空掘巷。

(2)沿空留巷。在上区段工作面采过后保留区段运输平巷作为下区段工作面的回风平巷,即一巷两用。

2. 跨巷开采

(1)跨越平巷开采。即采煤工作面从煤层底板中的岩石巷道上方连续采过去,不在被跨越平巷的上方留保护煤柱,使经过跨采以后的平巷长期处于低压区。

(2)跨越上山开采。即采煤工作面从位于煤层底板岩石中上山巷道的上方连续采过去,不留设上山保护煤柱,使经过跨采以后的上山处于采空区下方的低压区内,从而使上山受压程度得以减轻。

3. 掘前预采

所谓"掘前预采",就是在底板巷道尚未开掘以前,在预定开掘岩巷的位置上部的煤层中先采出一个煤带使之形成采空区,待采空区内岩层冒落和移动过程结束以后,再在预定位置开掘巷道。

4. 采空区内布置巷道

由于采空区是已经卸压或逐步向原始应力过渡的区域,直接在采空区内形成巷道,可使巷道不受采煤工作面前支承压力的影响。

在采空区内形成巷道的方法有许多种,比较常见的是在靠煤体边缘的采空区内掘进巷道(恢复采空区边缘的老巷)及直接在采煤工作面后方采空区中形成巷道。

5. 宽面掘进

在掘进巷道时,从巷道两侧多采出一部分煤层,然后将挑顶(或卧底)的矸石砌在巷道两侧,在矸石墙与两侧煤体之间留有两个小眼。这样就可以在巷道上方形成一个较大的卸载拱。

**二、将巷道布置在性质良好的岩层中**

巷道所处的围岩性质越好,变形量就越小,巷道也越稳定;避免使其位于非均质的煤与岩体中,导致支架受力不均,而不能充分利用支架的整体强度;避开地质破坏区。

**三、对巷道进行卸压**

巷道卸压是一种局部改变巷道附近应力分布,达到使巷道处于低压区的护巷措施。主要方法有三种。

钻孔卸压法一般适用于对巷道煤帮进行卸压以保护煤层巷道。基本做法:在煤层巷道内,向两侧或一侧煤层中钻一系列平行的大直径钻孔(直径为 250~350 mm),孔深根据具体情况一般为 6~10 m;孔壁之间留宽度为 200~350 mm 的小煤柱,在支承应力的作用下孔壁间的小煤柱受到破坏,从而使巷道边缘的高应力带向煤体深部移动一段距离,其长度大约等于孔深。卸载钻孔的卸压效果与钻孔深度、钻孔间距等参数有关。一般认为钻孔深度不应小于巷道宽度,钻孔之间的小煤柱的宽度与钻孔直径的比值为 0.8～1.0 时最好。

切槽卸压法。这种方法是在巷道两侧的煤岩体内直接形成切槽的卸压方法。其原理与钻孔卸压法相同。形成切槽的方法根据具体条件而定,对于煤或软岩可以采用机械切槽法(如截煤机构槽),它所形成的切槽高度为 70～100 mm,深度为 2.5 m。此外也可用爆破法或水力法形成切槽。在一般情况下,用爆破方法形成切缝(尤其是对岩体)更为简单。用切槽法对巷道进行减压的结果是改善了巷道与工作面连接处的支护,减少了巷道维修工程量,减少了煤柱损失。

爆破卸压法。这种方法的实质是在煤层中进行有限制的爆破,通过爆破进行局部松动破坏,在煤体或岩体中形成一个松散带,使集中应力转移至煤体或岩体深部,从而使巷道卸载。爆破卸压法可分为两种类型。

(1)扩孔松动爆破。采用直径为 45～55 mm 的小炮眼,爆破以后破碎圈可达到 0.5 m 左右。这种方法工艺简单,可以方便地利用控制装药量的大小、炮眼数目和深度来调节煤岩体的松动程度。

(2)药壶松动爆破。它是在煤层底板中打几个与水平面呈不同角度的炮眼,药包在炮眼底部,爆破后在炮眼底部形成一个壶状松动圈,从而起到减缓或消除底板对巷道影响的目的。

# 第五节　采区巷道支护

## 一、巷道支护类型及选择

1. 木材支架

巷道掘进尽量不用木材支护，对新建矿井从设计上禁止采用木材支护。

2. 金属支架

（1）拱形可缩性金属支架。这种支架能够适应采区巷道受动压影响较大的情况。

（2）梯形金属支架。梯形金属支架掘进施工简便，断面利用率高，有利于保持顶板完整性，巷道与工作面连接处支护作业简单，但支架承载能力较小。因此梯形支架通常适用于开采深度不大、断面较小、压力不太大的巷道。

梯形支架有刚性与可缩性两种。刚性梯形支架通常为工字钢或槽钢制成，适用于围岩变形较小的巷道。梯形可缩性支架可用在围岩变形较大的巷道中。

3. 锚杆支护

锚杆支护技术经济效果好，便于实现支护机械化，减轻工人劳动强度，提高成巷速度。另外断面利用率高，材料运输量少，配合喷浆也能对破碎岩体进行有效地支护。

4. 巷内基本支护类型的选择

通常根据围岩性质、围岩变形量、主要来压方向以及巷道尺寸选择巷内基本支架。

## 二、支护方式的确定

1. 联合支护方式

采区巷道受支承应力和顶板活动的影响，有时仅仅采用单一支护或一次性支护难以达到较好的控制效果。在许多情况下可采用多种支护形式并用的联合支护。

(1)锚杆与棚联合支护。

(2)巷道内永久加强支护。

(3)巷道内临时加强支护。

(4)巷道内支架和巷旁支护联合支护。

2.保持良好的支架工作状态

保持支架良好的工作状态是对巷道进行有效支护的关键。巷道掘进工程质量及支架的架设质量将影响到支架的工作状态。巷道应按设计来施工,尽量使巷道壁平整光滑。支架的壁后充填应符合标准,使支架受力均匀。底板岩性松软时,应给支架穿鞋或设置底梁,避免支架钻底,影响承载能力的发挥。

# 第六节  巷道冒顶的预防与处理

## 一、顶板事故的预防措施

1.掘进巷道时的日常顶板控制工作

(1)坚持敲帮问顶。敲帮问顶应由有经验的工人操作,同时要有专人观看。

(2)检查支架架设质量。支架的架设质量必须符合作业规程的要求,发现背顶封帮不严及变形损坏的支架必须处理好后再施工。

(3)严格控制掘进迎头的空顶面积。当空顶面积超出规定的要求,或顶帮岩层比较破碎时应及时架设支架进行支护,切忌空顶作业。

(4)及时整理放炮崩倒或崩歪的支架。

2.过断层等构造变化带的安全措施

(1)加强构造变化带的地质调查工作,查清地质资料,及时制定具体的施工方法与安全措施。

(2)减小空顶距离,缩短围岩暴露时间。及时架设临时支架,尽可能快地架设永久支架。永久支架滞后距离一般不能大于2～4 m,采用砌碹支护时,每次掘砌宽度不得超过1 m。

(3)改变巷道支护方式。巷道穿越地质破碎带时,可缩小棚距或改用砌碹及U型可缩性金属支架支护。

(4)减少放炮装药量,降低因放炮对断层带附近破碎顶板的震动。如果放炮法难以控制与管理顶板,可改用手镐方法掘进。

(5)采用超前探梁支护不稳定顶板,绝对禁止在空顶条件下作业。

(6)施工中严格执行操作规程、交接班和安全检查制度,随时注意围岩稳定状况的变化,一旦发现异常要及时处理。

(7)巷道接近断层构造带时,放炮前还必须检查掘进工作面瓦斯等有害气体的积存情况,做好断层水的探查工作,有异常情况要及时处理。

3. 在松软膨胀岩层或破碎煤体中掘进的安全措施

(1)在施工方法上可采用超前导硐法、短段掘砌法、撞楔法等施工方法。

(2)采用锚喷支护或锚、喷、支混合支护来减少围岩暴露时间,控制不稳定顶板。

(3)采用注浆法加固破碎岩石,即往正在掘进或已掘好的巷道围岩中加注水泥浆或水泥砂浆,使围岩胶结加固。

(4)改变巷道断面形式。在松软易膨胀岩层中,可采用受力状态好的巷道断面形式,如拱形、圆形、椭圆形等。

4. 大断面巷道施工时顶板控制措施

(1)要有专人负责检查和处理顶板,根据顶板稳定情况及时采取适当的临时支护。

(2)及时支护暴露出来的顶板(特别是在交叉点施工时),并注意保证支护质量。

（3）处理留下的岩柱时，应采用缩小眼距、眼深，减少装药量的爆破方法，防止震裂巷道顶板。

5. 开帮与贯通时安全措施

（1）开帮和贯通地点要选在围岩条件比较好、远离交叉点与停采线、煤柱等各种受集中应力影响的地方。

（2）在两巷贯通前 15 m 开始打超前钻进行超前探测，探钻眼深不得小于 3 m，并保持 1.5 m 的超前探眼。贯通时要放小炮。

（3）开帮贯通点附近的支架要加固好，及时进行支护，缩短顶板暴露时间。

（4）处理好开帮贯通点的积水，及时对有害气体进行检测、处理。

**二、巷道冒顶事故的处理方法**

1. 局部冒顶时的处理方法

（1）先加固整理好冒顶区前后的完好支架，支架间用拉杆或绳子连好，背顶封帮要严密。

（2）及时封顶、控制冒顶范围的扩大。一般情况下可采用木垛法进行处理。处理人员站在安全一侧处理掉冒顶区顶部活动矸石块，确认无危险后抓紧安设支架，砌好护顶木垛，并逐步加高护顶木垛使其托住顶板。

（3）在具备锚喷支护条件时，可考虑使用锚喷支护法处理冒顶区域。

2. 大面积冒顶的处理方法

如果冒顶范围较大（如冒顶区长 6～8 m、冒高 3 m 左右）时，可以采用从冒落区两边相向处理、利用绞架控制顶板的方法。

（1）加固冒落区附近的支架。可在巷道两帮打木板抬棚，以提高支架稳定性与支撑能力。

（2）架设绞架前要用长杆工具站在有支架掩护的地方敲下松动浮矸，确认无危险时再进行工作，并随时注意顶板变化情况。

（3）架设绞架地点至少要有 2 m 左右高、1 m 以上宽的安全出口，如果顶板破碎、冒高过大，则禁止架设绞架。

（4）如果巷道内冒顶高度与范围都很大，用绞架方法进行处理可能要消耗大量坑木，而且也不安全时，可另施工一条巷道，绕过冒顶区。

# 复习思考题

1. 巷道变形与破坏的基本形式有几种？
2. 影响巷道变形与破坏的因素有哪些？
3. 简述巷道矿压控制的原理。
4. 减轻巷道受压的主要措施有哪些？

# 第八章 矿山压力研究方法

## 第一节 长壁工作面矿压观测

### 一、工作面矿压观测方法概述

观测工作面矿压显现的指标有两类:一类是控顶区围岩变形量和支架承载变形特征;另一类是控顶区围岩破坏特征。前者一般称为"三量"。后者有煤壁处切顶台阶数目与高度、煤壁片帮深度、端面顶板破碎度等,是对围岩破坏的统计观测,一般又称为"统计观测"。

"三量"观测方法是在二次世界大战后,原苏联和欧洲的一些开采煤炭的国家广泛发展和应用的观测方法。19世纪60年代初,我国在借鉴原苏联"三量"观测方法的基础上,由煤炭科学研究总院制定了统一的观测规范,在我国全面推广应用。

"统计观测"是联邦德国埃森岩石力学矿山支护研究所的雅各毕博士在上个世纪六十年代创立的,并在欧共体采煤国得到广泛应用。1975年中国矿业大学的学者们在我国阳泉矿务局一矿综采工作面矿压观测中首次应用,并迅速在我国推广应用。

### 二、长壁工作面"三量"观测

1. "三量"及其测试方法

(1)顶底板移近量

顶底板移近量指煤炭采出后,同一测点随开采在控顶区范围内的顶底板移近值,如图8-1所示,对单体支柱工作面,是在开挖后即设置测站,量测顶底板距离 $S_0$,随工作面推进直到测站至最后一排支架处,量测顶底板的距离 $S_m$,顶底板移近量 $S = S_0 - S_m$,即控顶距 $W_r$ 范围内的顶底板移近值。对综采工作面是指到液压支架尾端的顶底板移近值。

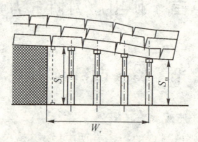

图 8-1 顶底板移近量测量方法

（2）支架载荷

支架载荷是指实测的支架所承受的载荷,包括实测的初撑力和当时支架载荷。

（3）活柱下缩量

活柱下缩量是指支架架设后在控顶区范围内活柱下缩的值。

2. 工作面测站布置

工作面测站布置普遍采用沿工作面长度方向设立上部、中部、下部 3 个测站。一般情况下中部测站应选在工作面线的正中,上部和下部测站分别距回风平巷和运输平巷 10～15 m。每个测站内设 3 条测线,布置于相邻的 3 架支架。

如果观测有特殊要求,可增加辅助测站。如工作面过断层时,为了研究断层附近矿压显现的变化,在断层附近增设测站。一般每个测站仍需 3 条测线,以取得统计规律。

3. 观测方法

规范性的矿压观测的目的是认识和总结工作面开采矿压显现的规律及支护结构的适应性,称为常规矿压观测。一般按照规定的作业循环,在每一班固定的时间系统观测 1 次。

### 三、工作面控顶区围岩破坏状态观测

1. 控顶区围岩破坏状态的主要指标及测试方法

(1)端面顶板破碎

端面顶板破碎度是指工作面前方无支护空间悬露顶板中,发生冒落的部分占整个悬露顶板的比例。

如图 8-2 所示,端面距就是图中液压支架最前方的第一接顶点到工作面煤壁与顶板的接触点之间的距离,即该支架工作面前方无支护空间悬露顶板的宽度。

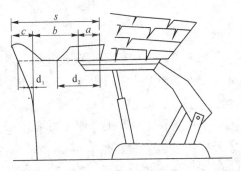

图 8-2　端面距示意图

(2)台阶数目和高度

台阶是指在工作面前方无支护空间由于顶板切落形成的顶板错落(图 8-3),顶板错落的垂直距离称为台阶高度。

(3)片帮深度

片帮是指在矿山压力作用下煤从煤壁处片落的现象,片帮深度是从原煤壁线到片帮最深处的水平距离。

2. 工作面测站布置

围岩破坏状态观测是一种统计观测方法,样本越多,统计结果的可信度也越高。一般情况下沿工作面方向每 10 m 布置一条

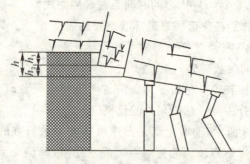

图 8-3　台阶数目和高度

测线。

3. 观测方法

在我国,工作面控顶区围岩破坏状态观测是工作面矿压观测的一项内容,因而它的观测方法与组织和工作面矿压观测一样。

**四、实例**

铁山南矿 2111 俯伪斜正台阶工作面采面垂高 50 m,斜长 80 m,沿倾斜划分为 5 个台阶,台阶高度 8 m(图 8-4),台阶间由伪斜角 35°左右的小巷联系。工作面采用 HZWA-1700 型摩擦金属支柱支护,排、柱距均为 1 m,最大控顶距 4.5 m,最小控顶距 2.5 m,伪斜小巷采用密集支柱支护。观测的主要目的是认识矿压显现的基本规律,从而为确定合理的采煤方法及支护参数提供科学依据。采用"三量"观测,沿工作面上、中、下部布置了 3 个测站,并对开采期间的顶板事故进行统计分析。

工作面上部、中部、下部测站随工作面推进,支柱平均载荷变化如图 8-5 所示。

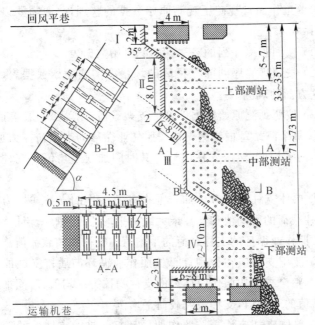

图 8-4　铁山南矿 2111 俯伪斜正台阶工作面及矿压观测测站布置图

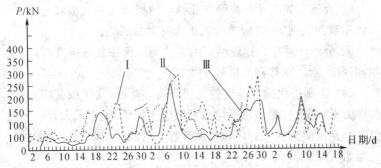

图 8-5　工作面上部、中部、下部测站随工作面推进支柱平均载荷变化图
Ⅰ——上部支柱平均载荷；Ⅱ——中部支柱平均载荷；Ⅲ——下部支柱平均载荷

长壁工作面常规矿压观测原始数据的整理,一般需要以下基本项目:

(1) 按照观测序列的"三量"实测原始数据表。

(2) 按照观测序列的控顶区破坏状况实测原始数据表(如进行了这方面的观测)。

(3) 按照观测原始数据计算的支架载荷计算表,一般包括:

① 每个测站每根观测支柱按照作业循环的支柱初撑力值,支柱载荷的平均值(液压支柱应计算其时间加权平均值),支柱最大载荷值。

② 单体支柱应计算按照作业循环每一排的支柱初撑力平均值,支柱载荷的平均值和支柱最大载荷平均值;并进一步计算每个测站按照作业循环的支柱载荷的平均值和支柱最大载荷值。

③ 液压支架应在分别计算按照作业循环前后排支柱的基础上,计算整个支架按照作业循环的支柱初撑力平均值,时间加权平均载荷值的平均值,支柱最大载荷平均值。

④ 单体支柱应计算按照作业循环每一排的支柱处的顶底板移近量和控顶区顶底板移近量。

⑤ 液压支架应计算按照作业循环的控顶区顶底板移近量,如无此项观测数据,一般应进行顶板破碎度的观测。

⑥ 分别计算按照作业循环的工作面端面顶板破碎度、片帮面积和深度、台阶个数和高度的平均值。

(4) 绘制按照循环推进的支架载荷变化图,支架载荷应包括:初撑力平均值、时间加权平均载荷值的平均值、支柱最大载荷平均值。并且在横坐标上对应每个循环标注其距开切眼的距离和循环的起始时间。

(5) 绘制按照循环推进的控顶区顶底板移近量变化图。

(6) 绘制按照循环推进的工作面端面顶板破碎度平均值变化图。

这些都有相应的软件可供使用,也可自行编制适用软件以代替复杂的手工计算。

**五、回采巷道矿压观测简述**

**1. 矿山巷道的一般观测方法**

国内外矿山巷道矿压观测最常用也是最普遍应用的是巷道围岩移近量观测,其中应用最广泛也是最基本的移近量观测方法是"十"字形观测法[图 8-6(a)],即观测巷道开挖后顶底板移近量和两帮移近量随时间的变化与发展。当巷道断面较大,需要研究分析变形的复杂受力过程时,也可采用周边多测点变形观测方法[图 8-6(b)]。

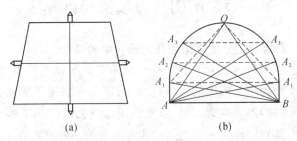

图 8-6  巷道围岩移近量观测方法
(a)"十"字形观测法;(b)周边多测点变形观测法

**2. 回采巷道矿压观测的特点**

回采巷道处于工作面一侧,在其服务期间的相当一段时间,要受工作面采动的影响,其受力带有明显的不对称性,因而其变形发展过程也有明显的不对称性。因而除采用常规的"十"字形观测法外,为了研究变形及其控制特点,往往采用图 8-7 所示的测点布置方法。

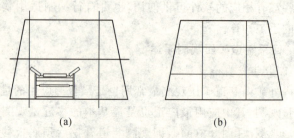

图 8-7　回采巷道应用的其他一些观测方法

(a)"廿"字形观测法；(b)"井"字形观测法

# 第二节　矿山压力数值分析方法

## 一、数值分析方法在矿山压力研究中的应用

矿山压力是由于工作面开挖在回采工作面和巷道周围岩体、以及支护结构物上形成的力,研究矿山压力就必须了解和分析相应开采阶段的围岩应力。但是,要想通过观测的方法了解矿山开采过程中围岩中任何一点的力是非常困难的。因而数值计算方法的发展越来越引起采矿界的重视,并逐步引入作为计算矿山压力的方法,在矿山压力研究中发挥着越来越重要的作用。而且随着计算机的发展以及其在矿山工程中越来越普遍的应用,加上相应计算软件的推广和普及,将在矿山工程实践中发挥巨大的作用。

图 8-8 是为研究靖远王家山煤矿大倾角特厚煤层放顶煤开采而建立的三维数值模型网格图。试采的 44407 工作面煤层平均厚度 16.43 m(采高 2.4~2.8 m),倾角 29°~35°,工作面长度 112 m。为了防止支架的下滑,工作面沿倾斜的下部逐步变化为水平。

计算采用 FLAC 数值计算软件,在计算机上进行。模型沿走向长 165 m,沿倾斜宽 240 m,三维模型共划分 80 836 个单元,89 881个节点。

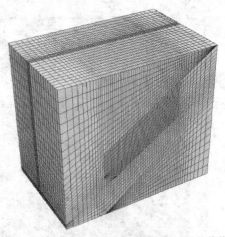

图 8-8 王家山煤矿大倾角煤层放顶煤开采三维数值模型网格图

图 8-9 和图 8-10 分别为沿倾斜剖面的水平应力场和垂直应力场,可以看出由于煤层倾角的变化,沿工作面长度方向无论是水平应力还是垂直应力,都呈现出较为明显的非对称性。沿工作面长度方向的上部垂直应力明显大于下部,说明上部的顶煤自然破坏高度比下部高,而下部向垂直方向的上方应力增大的梯度又明显大于上部。还可以看出,沿倾斜最下部的水平段煤体的水平应力和垂直应力都是相对最小的,顶煤自然破碎的应力环境最差,但对于"支架-围岩"系统的总体稳定性有利。

**二、有限元方法简介**

有限单元法的实质是把一个实际的结构物(如某种开采装备)或力学模型(如根据研究原型建立的采场某一时刻的连续体整体力学模型),用一种多个彼此相联系的单元体所组成的近似等价物理模型来代替。通过结构物或力学模型的力学基本原理以及单元体的物理特性,建立起表征力和位移的方程组。

图 8-9　沿倾斜剖面的水平应力场

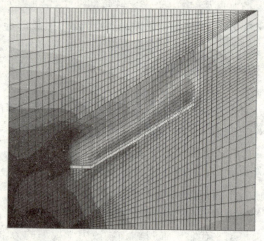

图 8-10　沿倾斜剖面的垂直应力场

有限元法求解程序的过程是：结构离散化，输入或生成有限元网络→计算单元刚度矩阵形成总刚度矩阵→形成节点载荷向量→引入约束条件→解线性代数方程组→输出节点位移→计算并输出单元的应力。

概括地说，有限单元法解题的一般步骤是：结构的离散化，选择位移模式，建立平衡方程，求解节点位移，计算单元中的应变和应力。

在矿山压力研究中应用的有限元计算软件主要是国内外岩土工程应用的软件。

**三、离散元方法简介**

离散元法是康德尔 1971 年以刚性离散单元为基本单元，根据牛顿第二定律，提出的一种动态分析方法，之后又将其发展为变形离散单元（分为简单变形离散单元和充分变形离散单元），使其即能模拟块体受力后的运动，又能模拟块体受力后的变形。

离散元法的基本思想可以用经典力学的超静定结构的分析方法来说明，任何一个块体作为一个脱离体来分析，总会受到相邻单元力和力矩的作用，正是在其合力和合力矩的作用下，产生脱离体本身的变形和运动。从离散化的角度出发，岩体本质上是节理介质，可以作为离散体来处理，而且块体间存在着力的联系，因而离散元法在矿山岩体力学和矿山压力研究中得到较广泛的应用。

离散元法也像有限元法那样，需要将模型的区域划分成单元，但是这些单元是相对独立的块体，在以后的运动中一个单元可以和相邻单元接触，也可以分离。因而，它不需要满足变形协调方程。除了边界条件以外，它必须满足表征介质应力与应变之间关系的物理方程和相对于每一个块体的平衡方程。

# 第三节  矿山开采的相似模拟实验方法概述

## 一、相似材料模拟实验的原理与方法

相似材料模拟实验方法最早的应用大约在 18 世纪末 19 世纪初,著名地质学家、地质构造模拟实验的先驱 James Hall(1761—1832)最早用模拟模型实验再现了各种构造形态的形成过程,包括用叠层湿黏土做褶皱的模拟。我国地质力学的创始人李四光教授早在 1929 年就进行了弧形构造的模拟实验研究。

1. 相似第一定律

考察两个系统所发生的现象,如果在其所有对应点上均满足以下两个条件,则称这两个现象为相似现象。

条件甲:相似现象的各对应物理量之比应当是常数,称为"相似常数"。相似材料模拟实验方法要求满足的主要是几何相似、运动相似和动力相似。

条件乙:凡属相似现象,均可用同一基本方程式描述。

2. 相似第二定律

约束两相似现象的基本物理方程可以用量纲分析的方法转换成用相似判据方程来表达的新方程,即转换成方程。两个系统的方程必须相同。

3. 相似第三定律

相似第三定律又称为相似存在定律,认为:只有具有相同的单值条件和相同的主导相似判据时,现象才互相相似。

单值条件为:

(1)原型和模型的几何条件相似;

(2)在所研究的过程中具有显著意义的物理常数成比例;

(3)两个系统的初始状态相似,例如岩体的结构特征,层理、节理、断层、洞穴的分布状况,水文地质情况等等;

（4）在研究期间两个系统的初始边界条件相似,例如是平面应力问题还是平面应变问题。

矿山工程相似材料模拟实验所选用的材料由骨料、黏结料和添加剂组成。骨料大都采用河沙或石英砂,黏结料采用石膏或石蜡,国外也有采用树脂材料。添加剂主要是为装置模型工艺需要而加入的缓凝剂、增强剂等。材料配比的准确是保证模拟实验动力相似的基本条件,装置模型前必须选择各类岩层的模拟材料配比,每更换一次材料(骨料或黏结料)都应进行配比的验证实验。

4. 矿山工程相似材料模拟实验的基本过程

（1）根据研究或实验课题的基本要求提出实验设计

实验设计应包括:实验的目的与任务;选择模拟实验方法,即模型架的类型和尺寸;选择各类实验岩层的材料配比;确定模型铺设工艺;确定实验测试内容,选择实验测试仪器仪表;设计模拟实验过程。

（2）相似材料模型的铺设和装置

如图 8-11,是实验前对模拟实验的总体设计构图。模型的最下部铺设一排称重传感器(又称支承压力传感器),其上铺设实验岩层,自下而上为 2 m 砂质页岩直接底、3.4 m 煤层、8 m 砂岩砂质页岩互层直接顶、6 m 砂岩基本顶、4 m 砂质页岩、3 m 砂砾岩、20 m 砂岩砂质页岩互层、5 m 砂岩、2 m 页岩、6 m 砂质页岩。煤层埋藏深度 254 m,模型上铺设相当于 200 m 厚度岩层和覆盖层重量的配重铁块。

（3）实验前准备

提出实验的具体实施方案,确定实验人员的分工,安装和配置全部实验测试仪表。

（4）相似材料模拟实验

模拟实验过程应严格按照实验设计和实验前的实施方案进行,模型的开挖要严格按照时间和空间的要求。定期测定实验数

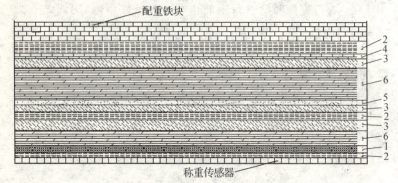

图 8-11　模拟实验的总体设计构图

1——煤层；2——砂质页岩；3——砂岩；

4——页岩；5——砾岩；6——页岩砂质页岩互层

据,并对实验过程作认真记录以及相关的实验素描。

(5)实验测试原始材料的整理和分析。

(6)编写实验研究报告。

**二、长壁采场平面模型模拟实验方法**

平面模型有两类,一类是平面应力模型,另一类是平面应变模型。平面应力模型如图 8-12 所示,这种模型是进行模拟实验应用最为广泛的模型。

平面应变模型的实质是,要使模型的正面和背面应变为 0(即 $Z$ 方向无变形),这就需要对模型正面和背面进行严格的约束。这类模型有以下问题需要进一步解决。

(1)模型的正面和背面加上挡板后,实验过程就很难照相和录像。而现阶段模拟实验通过实验照片反映研究成果,是一种重要手段,因而在实验过程中往往需要在照相时,将挡板打开,但是打开的过程也是 $Z$ 方向变形的过程,使原先为平面应变的前提受到影响。

(2)模型的正面和背面加上挡板后,对模型中岩层的沉陷运

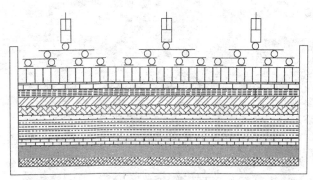

图 8-12　平面模型上方油缸加载方式示意图

动产生约束,要保证实验的准确,必须实现挡板和模型之间的摩擦力为 0。

(3) 模型的位移测试只有在打开的状况下才能直接量测。

**三、长壁采场立体模型模拟实验方法**

立体相似模型虽然可以较准确反映原型的力学特征,但是在实验开挖以及应力和位移测试方面存在一些实际困难。因为,现阶段位移和应力的测试,主要靠传感元件,都需要通过电线输送到模型外的测试仪表。这些电线都要穿过模型,会破坏模型的初始条件。理论上,测点越多对实验分析越有利;实践上,测点越多对实验模型的破坏越严重。这是目前立体模型和平面应变模型存在的最大问题。

# 复习思考题

1. 工作面矿压显现的指标有哪些?

2. 采掘工作面矿压"三量"观测怎么布置测站?

3. 简述顶板破碎度的概念。

4. 简单介绍在矿山压力研究中应用的几种数值分析方法。

# 参 考 文 献

[1] 徐永圻. 煤矿开采学[M]. 徐州:中国矿业大学出版社,1999.

[2] 耿献文. 矿山压力测控技术[M]. 徐州:中国矿业大学出版社,2002.

[3] 钱鸣高,刘听成. 矿山压力及其控制[M]. 北京:煤炭工业出版社,1991.

[4] 《综采技术手册》编委会. 综采技术手册[M]. 北京:煤炭工业出版社,2001.

[5] 窦林名,赵从国,杨思光,等. 煤矿开采冲击矿压灾害防治[M]. 徐州:中国矿业大学出版社,2006.